K박사의 **태양계 탐사하기**

과학하고 앉아있네 07

K박사의 태양계 탐사하기

ⓒ 원종우·이강환, 2017. Printed in Seoul, Korea.

초판 1쇄 펴낸날 2017년 7월 19일
초판 6쇄 펴낸날 2021년 1월 20일
지은이   원종우·이강환
펴낸이   한성봉
책임편집   이지경
편집   안상준·하명성·이동현·조유나
디자인   전혜진
본문조판   윤수진
마케팅   박신용·오주형·강은혜·박민지
경영지원   국지연·강지선
펴낸곳   도서출판 동아시아
등록   1998년 3월 5일 제1998-000243호
주소   서울시 중구 퇴계로30길 15-8 [필동1가 26]
페이스북   www.facebook.com/dongasiabooks
전자우편   dongasiabook@naver.com
블로그   blog.naver.com/dongasiabook
인스타그램   www.instagram.com/dongasiabook
전화   02) 757-9724, 5
팩스   02) 757-9726
ISBN   978-89-6262-189-1 04400
         978-89-6262-092-4 (세트)

이 도서의 국립중앙도서관 출판예정도서목록(CIP)은
서지정보유통지원시스템 홈페이지(http://seoji.nl.go.kr)와
국가자료공동목록시스템(http://www.nl.go.kr/kolisnet)에서
이용하실 수 있습니다. (CIP제어번호 : CIP2017016043)

과학하고 앉아있네

파토 원종우의 과학 전문 팟캐스트

07

K박사의
태양계 탐사하기

| 원종우 · 이강환 지음 |

동아시아

과학전문 팟캐스트 방송 〈과학하고 앉아있네〉는 '과학과 사람들'이 만드는 프로그램입니다. '과학과 사람들'은 과학 강의나 강연 등등 프로그램과 이벤트와 같은 과학 전반에 걸친 이런저런 일을 하기 위해 만든 단체입니다. 과학을 해석하고 의미를 부여하는 "과학과 인문학의 만남"을 이야기하는 것이 바로 〈과학하고 앉아있네〉의 주제입니다.

사회자
원종우

딴지일보 논설위원이라는 직함도 갖고 있다. 대학에서는 철학을 전공했고 20대에는 록 뮤지션이자 음악평론가였고, 30대에는 딴지일보 기자이자 SBS에서 다큐멘터리를 만들었다. 2012년에는 『조금은 삐딱한 세계사: 유럽편』이라는 역사책, 2014년에는 『태양계 연대기』라는 SF와 『파토의 호모 사이언티피쿠스』라는 과학책을 내기도 한 전방위적인 인물이다. 과학을 무척 좋아했지만 수학을 못해서 과학자가 못 됐다고 하니 과학에 대한 애정은 원래 있었던 듯하다. 40대 중반의 나이임에도 꽁지머리를 해서 멀리서도 쉽게 알아볼 수 있다. 과학 콘텐츠 전문 업체 '과학과 사람들'을 이끌면서 인기 과학 팟캐스트 〈과학하고 앉아있네〉와 더불어 한 달에 한 번 국내 최고의 과학자들과 함께 과학 토크쇼 〈과학같은 소리하네〉 공개방송을 진행한다. 이런 사람이 진행하는 과학 토크쇼는 어떤 것일까.

대담자
K박사

정체불명임을 주장하는, 이미 잘 알려진 천문학자이자 모 박물관장. 뛰어난 과학지식과 모르는 건 모른다고 인정하는 시크한 입담의 결합으로 과학자의 이미지를 바꾸는 데 크게 공헌하고 있다.

특별출연자
K2박사

로켓 열차폐 전문가인 공학자. K박사보다 늦게 데뷔해 가끔씩 등장하는 관계로 K2가 되었을 뿐 실제 이름과는 무관하다. 그는 여전히 자신의 정체를 숨기고 있으며 과학자들이 이론을 내세워 공학자를 부려먹는 것에 반항심을 갖고 있다.

보조진행자 최팀장
과학은 잘 모르지만 예리하다. 간혹 엉뚱한 소리로 뜻밖의 재미도 선사하는 〈과학하고 앉아있네〉의 청량제이다.

* 본문에서 사회자 **원종우**는 '**원**', 대담자 **K박사**는 '**K**', K2박사는 '**K2**', 최팀장 '**최**'로 적는다.

차례

- 물과 관계가 있는 듯 없는 듯 : 수성　　　　　　8

- 금발미녀가 사는 비너스 : 금성　　　　　　　15

- 지구 밖 최초의 물의 흔적 : 화성　　　　　　32

- 행성, 유성, 혜성, 운석, 왜소행성

　다양한 이름의 천체　　　　　　　　　　　39

- 수십 개의 위성 중 하나에 생명체가 있다?!　　51

- 태양계에서 물이 가장 많은 천체　　　　　　61

● 아름다운 고리의 실체 : 토성   71

● 태양계의 끝인 줄 알았던 천왕성과 해왕성   79

● 넓고 넓은 태양계 원반의 끝   90

● 헬리혜성의 고향, 오르트 구름   102

● 저 우주에 나를 알리고 싶어요   110

● 태양계 밖으로 밖으로   119

● Mission. 광속을 극복하라   128

물과 관계가
있는 듯 없는 듯 : 수성

원 우리는 생각보다 태양계에 대해서 잘 모릅니다. 8개 행성이 있는데 아직 9개로 알고 있는 사람도 있지요. 태양계는 무엇으로 이루어져 있으며 행성들은 어떤 특성이 있는지, 위성들은 어떤지, 사실 잘 모릅니다. 우리 고향에 대해서 이렇게 몰라서 되겠느냐 하는 반성과 함께 지역에 눈을 돌려보자는 취지로 태양계 이야기를 해보고자 합니다.

생명이 살 만한 환경은 어떤 것인지, 태양계 내에 생명의 가능성은 있는지. 만약 우리가 지구 밖 생명과 직접 마주친다면 웜홀을 통해 밖으로 나가기 전에는 태양계 내에서 마주하지 않을까요? 따라서 태양계 내에서 생명의 존재 가능성을 점쳐보는 것은 되게 중요한 의미가 있습니다. 또 이 태양계 이야기 잘 들어두시면 아이들한테 알려주기 참 좋습니다.

K — 교과서에도 태양계 이야기부터 나오거든요.

원 — 또 멀리서 오는 혜성, 소행성 이야기를 하면서 태양계 탐사 역사와 함께 태양계와 가장 가까운 이웃까지 살펴보려고 해요.

K — 우리 동네에서부터 차근차근 밖으로 나가는 건가요?

원 — 네. 점점 넓혀서 차차 은하까지 다룰 수도 있고요.

  '태양계'의 주인은 태양입니다. 마스터master. 모든 행성과 모든 위성, 찌꺼기들이 태양을 중심으로 주변을 돌고 있죠.

K — 그냥 태양이 전부라고 해도 크게 틀리지 않아요.

원 — 네, 맞습니다. 나머지 다 합쳐봤자 질량이든 부피든 태양에 쨉도 안 돼요. 그렇더라도 우리는 그 주변 행성에 관심을 가져보려 합니다. 그럼 저희는 하나씩, 차근차근 한번 살펴보도록 하겠습니다. 먼저 태양에서 가장 가까운 행성. 다 아시죠?

최 — 수성水星, Mercury이요.

원 — 네. 수성입니다. 수성의 수가 물 수水자죠?

K — 네.

웜홀 웜홀wormhole은 우주에서 공간과 공간을 연결하는 통로를 의미하는 가상의 개념이다. 우주의 시공간에 난 구멍에 비유할 수 있다. 사과 표면에 있는 벌레가 사과의 정반대편으로 가기 위해서는 표면을 따라가는 것보다는 사과를 뚫고 지나가는 쪽이 빠르다. 이와 유사하게 시공간의 다른 지점을 연결하는 구멍이라는 의미에서 웜홀이라는 이름이 붙었다.

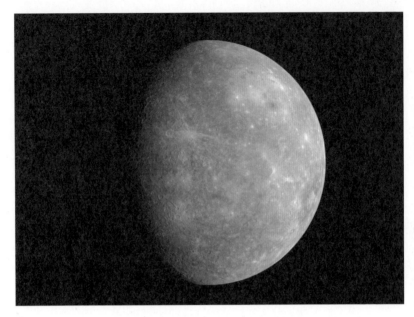

• 태양에서 가장 가까운 행성인 수성. 수성은 달과 매우 닮았다 •

원─ 그런데 물은 없잖아요.

K─ 없죠.

원─ 영어로 머큐리 잖아요. 머큐리는 수은水銀이라는 뜻도 있는
데 여기에 물 수자가 들어간단 말이에요.

K─ 어, 그러네요.

원─ 기묘하게 이 수성이라는 이름과 물이 간접적으로 관련되는
느낌도 없지 않아요, 그죠?

K─ 그런데 머큐리는 헤르메스Hermes잖아요. 수성이 빠르게 움

직이기 때문에 붙은 이름이에요.

원- 여행의 신.

K- 지구에서 보기에는 태양 가까이 있으니까 굉장히 빠르게 움직이는 것처럼 보여요. 실제로 공전 속도가 제일 빠르죠. 빠르기 때문에 신들의 사자라는 의미의 헤르메스라는 이름이 붙은 것 같아요. 동양권에서는 물, 금, 흙, 나무 중에서 물이 제일 빠르게 흐르니까 붙여진 것 같고요.

원- 참고로 이야기하자면 동양권에서는 오행을 따서 행성에 이름을 붙였어요. 5개 행성에 수水, 금金, 지地, 화火, 목木, 토土.

K- 물, 쇠, 땅, 불, 나무, 흙.

원- 맨눈으로 보는 별은 토성까지여서 거기까지는 오행이름이 붙었다가 그보다 먼 행성에는 외국말을 그대로 따와가지고 우라노스Uranus를 천왕성天王星, 넵튠Neptune을 해왕성海王星으로 기계적으로 번역해서 쓰게 되었죠.

　수성이 빠르다고 말씀하셨는데, 찾아보니 태양을 한 바퀴 도는데 88일밖에 안 걸리더라고요. 2달에서 며칠 더. 태양에 가까울수록 공전주기가 빠른 거죠?

K- 그렇죠. 그건 케플러 법칙을 따르니까요.

원- 그런데 자전은 58일. 하루가 굉장히 길어요.

K- 자전주기인 58일은 공전주기의 딱 3분의 2예요. 2번 공전하는 동안 자전을 3번하는 거죠.

원 – 톱니처럼 맞물려 있군요.

K – 참고로 달은 자전주기와 공전주기가 똑같아요.

원 – 1:1 기어죠.

K – 달은 지구를 보고 돌잖아요. 지구의 <u>기조력</u> 때문에 묶여 있
거든요. 사실은 수성도 태양한테 묶여 있는 거예요. 기조력 때
문에 빠르게 돌다가 안정적인 공명을 이룬 상태인 거죠.

원 – 공전주기의 3분의 2 속도로 계속 자전을 한다.

K – 예전에는 달처럼 자전주기와 공전주기가 비슷한 줄 알았는
데 알고 보니까 자전이 조금 더 빠른 거예요. 결국 비슷한 상태
가 아니라 3분의 2로 묶여서 안정된 상태가 됐죠.

원 – 수성은 대기가 거의 없대요. 달하고 비슷하다고 하더라고
요. 사진을 봐도 달과 아주 닮았어요. 태양과 가까워서 공기가
없는 건가요?

K – 질량도 작고 태양풍으로도 많이 날아가요.

원 – 그렇군요. 크기도 달과 비슷하답니다. 달 지름이 한
3,474km인데 수성은 4,880km예요. 굉장히 작은 행성이지요.

자전주기 자전주기rotation period는 한 천체가 배경의 별들을 중심으로 자
전축을 기준하여 한 바퀴 회전하는 데 걸리는 시간이다.

기조력 기조력은 거리에 따라 중력의 크기가 다르기 때문에 생기는 힘
의 차이를 말한다. 지구가 달의 가까운 면을 더 강하게 당기기 때문에
달이 자전을 하지 못하고 지구의 기조력에 묶여있게 된다.

지구 지름은 참고로 한 1만 2,700km거든요? 지구는 수성에 비해 지름이 2배나 더 커요. 면적이나 부피로 따지면 훨씬 크고요.

수성의 하루 평균온도가 67℃예요. 영상 67℃. 그런데 평균온도가 의미가 없는 게 최고 온도가 해 쪽을 보고 있을 때 영상 427℃, 반대편은 영하 173℃예요. 일교차가 엄청난 거죠. 하루가 지구 기준으로 58일이라 일교차라 말하기 조금 어색하긴 하네요. 어쨌든 일교차가 600℃인 불지옥이에요. 이건 대기가 없어서 더 심한 거죠?

K― 그렇죠. 대기가 없으니까 열순환이 안 돼서 열 받는 데는 뜨겁고, 안 받는 데는 차갑고.

원― 안 받는 데는 바로 다 식어버리고. 이러다 보니 수성에서 생명이 살 것이라 기대를 안 할 것 같아요. 물도 없고, 대기도 없고, 달보다 더 뜨겁고. 그래서 수성인水星人이라는 말은 SF에도 잘 안 나오죠. 물론 금성인金星人 목성인木星人 다 말이 안 되긴 하지만 말입니다. 그런데 수성은 맨눈으로 잘 보이나요?

K― 워낙 태양 가까이 있기 때문에 보기 힘들어요. 저도 몇 번 못 봤어요.

원― 보긴 보셨어요? 맨눈으로?

K― 네. 맨눈으로. 한두 번 정도 본 것 같아요.

원― 망원경으로는 물론 가능하겠죠?

K― 망원경으로 보면 어느 정도 볼 수 있어요. 그런데 망원경으

로 본 기억도 별로 없어요. 수성은 굉장히 보기 힘들 거든요.

최 ― 그냥 하얀색이에요?

K ― 그렇죠.

원 ― 태양빛을 반사하니까?

K ― 그냥 하얀 점 하나예요.

원 ― 그렇군요. 수성은 그다지 흥미로운 행성이 아니군요. 수성엔 아무도 안 살 것 같습니다. 빈집이랍니다. 물론 아주 극소수의 분들이 어디에나 어떤 식으로든 생명이 있을 수 있다고 이야기를 하지만 이런 곳에 생명이 있을 가능성은 희박하지 않을까…. 여긴 너무 아무것도 없잖아요. 메탄이든 뭐든, 뭐라도 있어야 하는데 여긴 정말 아무것도 없으니까요.

K ― 맞는 말이에요. 생명체의 진화라는 게 그렇게 쉬운 건 아닐 테니까요. 이렇게 어려운 환경을 택하진 않을 것 같아요.

원 ― 수성은 온도가 너무 극단적으로 높아서 탐사도 그렇게 쉽진 않을 것 같다. 그런 생각이 듭니다.

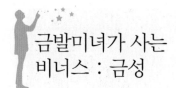

금발미녀가 사는
비너스 : 금성

원− 자, 그럼 조금 더 흥미로운 행성인 두 번째 행성. 금성金星, Venus으로 가보겠습니다. 우리가 샛별이라고 하는 게 금성이잖아요. 초저녁에 많이 보이는 별.

K− 수성도 마찬가지지만 금성은 새벽 아니면 저녁에만 볼 수 있습니다.

원− 태양이랑 가까워서 그런 건가요?

K− 태양 옆에 있으니까요. 한밤중에 보려면 태양 반대쪽에 가야 볼 수 있는데 금성이나 수성은 태양 반대쪽으로 갈 수가 없어요. 그러니까 한밤중에는 볼 수가 없죠.

최− 아, 그게 그런 이유였구나. 교과서에는 지구 안쪽 궤도이기 때문에 이런 식으로 써 있었어요.

K− 밤에는 지구에서 볼 때 수성과 금성은 태양 반대편에 있을

• 샛별이라고도 부르는 금성은 초저녁이나 새벽에만 관찰할 수 있다 •

수 없으니까 한밤중에는 볼 수가 없죠.

원— 항상 태양 쪽에 있어야 되니까. 궤도도 작고 가깝고.

K— 그래서 태양의 이쪽에 있을 때에는 저녁에만 보이고, 태양의 저쪽에 있을 때에는 새벽에만 보이고 그런 거죠.

원— 그렇군요. 사실 UFO로 가장 잘 오인되는 별이 금성이거든요. 저도 몇 번 봤는데 어떤 상황에서의 금성은 정말 밝아요.

K— 엄청 밝을 때가 있죠.

원— 기상 조건이 좀 맞아 떨어지면 정말 '반짝' 하며 휘황찬란하게 빛나요. 지구 바깥에 있을 거라는 생각이 들지 않을 정도로 선명하게.

• 금성은 매우 밝은 행성이라서 종종 UFO로 오인된다 •

K — 너무 밝아서 마치 움직이는 것 같은 착시현상도 일어나요.

원 — 왜 차에 타고 있으면 움직이는 구름을 보고 '저건 나 따라
온다. 나 따라온다'라고 생각하거든요. 그런데 여러분, 멀리 있
는 것은 내가 아무리 빨리 움직여도 나랑 같이 가는 것처럼 보
여요. UFO만 그런 게 아니고요. 산도 그렇고 다 그렇습니다.

그런데 『개밥바라기별』 이게 금성 이야기인 줄 몰랐어요.

K — 아, 황석영 씨 소설입니다.

원 — 제가 그 소설을 읽진 않았는데 제목만 알거든요? 그게 금
성 이야기예요?

K — 아니요. 잠깐 나와요.

최 — 설마 『개밥바라기별』를 천문소설이라고 읽으신 거예요?

K — 안 읽었어요. 샛별은 새벽에 보이니까 샛별이고 개밥바라기별는 저녁에 보이니까 개한테 밥 줄 시간쯤 돼서 보인다. 그래서 개밥바라기별이라고 한대요.

원 — 개한테 밥을 원래 저녁에 주는 건가요?

K — 글쎄요. 어쨌든 그런 이유에서 이름을 붙인 거래요.

원 — 이 개밥바라기별이 금성입니다. 지구랑 크기가 비슷해요. 지구 지름은 아까 이야기한 것처럼 1만 2,700km에서 1만 2,800km 정도입니다. 극지방 쪽과 적도 쪽이 좀 차이가 나요. 그런데 금성의 지름은 1만 2,100km니까 크기가 거의 비슷해요.

그런데 지구 바로 바깥쪽에 있는 화성이랑 지구 바로 안쪽에 있는 금성은 소위 골디락스 존Goldilock's Zone에 들어가는 거 아닌가요?

K — 너무 안쪽이긴 해요.

원 — 혹시 모르시는 분들을 위해서 '골디락스 존'은 지구를 기준으로 해서 지구에 사는 생명이 살 수 있는 조건, 액체 상태의 물이 존재할 수 있는 위치를 이야기합니다.

K — 금성은 골디락스 존의 경계에 있다고 봐요. 그런데 좀 모호해요. 어떻게 보면 있다고 봐도 되고.

원 — 반만 걸쳐 있으면 반은 생명이 살고 반은 살 수 없겠네요. 한 행성 안에 그런 비극적인 상황이라니.

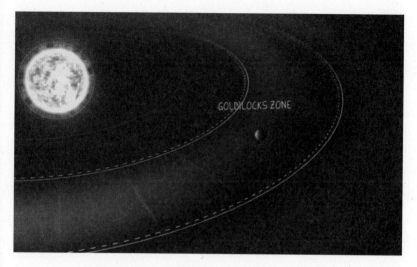

· 골디락스 존은 지구에 사는 생명체가 사는 최적의 조건을 갖춘 지역을 말한다 ·

K─ 골디락스 존 범위라는 것이 그렇게 선이 딱 명확하게 그어
지지 않고, 끝이 흐릿해요.

최─ 그런데 예를 들어 온도가 100℃가 넘으면 물은 다 수증기
가 되잖아요. 그런데 골디락스 존 수준에서는 다른 거예요?

K─ 보통 이렇게 계산을 해요. 별에서 나오는 에너지를 면적으
로 받는다고 가정해서 그대로 받았을 경우에 온도가 얼마나 될
것인가를 계산하는 거죠.

원─ 금성은 사실 온도가 포인트입니다. 그 이야기는 좀 이따
할게요.

K─ 지구 같은 경우에는 저 계산상으로 영하예요. 그런데 대기

가 만든 온실효과가 때문에 그보다 높죠.

원 — 금성이 지구에서 가깝나요, 화성이 지구에서 가깝나요?

K — 금성이 가깝죠.

원 — 그럼 우리가 금성보다 화성에 가려고 하는 또 다른 이유가 있겠군요. 왜 그런지는 금성에 대해 이야기하면서 조금 더 다뤄보죠. 금성은 지구보다 아주 조금 작고, 지구와 가깝습니다. 따라서 케플러 법칙에 의해 공전주기가 수성보다는 길고 지구보다는 짧더라고요.

최 — 그런데 케플러 법칙이라는 게 뭐죠?

원 — 말 나온 김에 설명을 해주시겠어요?

최 — 배운 적이 없는 것 같아요.

K — 케플러 제3법칙은 '공전주기의 제곱은 장반경의 세제곱에 비례한다'입니다. 간단히 말하자면 멀리 갈수록 느리게 돈다고 생각하면 쉬워요.

원 — 멀리 갈수록 느리게 돈다.

K — 멀리 갈수록 도는 속도도 느리고, 크게 돌아요. 그러니까 주기도 길어지는 거죠.

원 — 그게 계산상으로 딱 맞아떨어지나요?

K — 네. 뉴턴공식으로 정확하게 계산이 돼요.

원 — 여기에 행성의 질량하고는 관계가 없죠?

K — 네. 질량하고는 아무 상관이 없고 태양에서의 거리하고만

• 케플러는 행성이 타원운동을 한다는 '케플러 법칙'을 정립했다 •

상관이 있어요.

원ㅡ 그렇답니다. 금성의 공전주기는 255일, 자전은 그것보다 조금 긴 243일입니다. 이것도 톱니바퀴로 얽혔는데 약간 빗나 간 것 같은 그런 느낌이에요.

Kㅡ 수성 같은 경우는 태양하고만 공명상태에 있는데, 금성은 태양·지구·금성이 서로 공명상태로 있어요.

원ㅡ 중력으로 얽혀 있군요.

Kㅡ 네, 그러니까 금성은 지구의 영향도 받는 거예요. 그래서 지구 기준에서 금성의 자전주기, 즉 금성이 한 바퀴 도는 주기 가 146일입니다. 지구에서 볼 때 같은 위치에 있던 금성이 다시 같은 위치로 올 때까지의 주기, 이를 공전회합주기라고 하는데 공전합회주기는 584일입니다. 딱 4분의 1이에요, 정확히. 그 러니까 지구에서 볼 때 금성이 같은 위치에 올 때마다 금성은 4 바퀴를 돌아요.

원ㅡ 그렇군요.

K — 그런 식으로 공명이 돼 있어요.

원 — 신기합니다. 그리고 태양에서의 거리가 수성보다 먼데, 재밌는 사실은 금성이 태양계 모든 행성 중에 가장 뜨거운 행성이라는 점이에요. 얼마나 뜨거운지 제가 알려드릴게요. 아까 수성의 평균온도는 67℃고 최고 온도가 영상 427℃라고 했습니다. 그런데 금성은 평균온도가 457℃예요. 수성의 최고 온도보다 더 높아요. 금성의 최고 온도는 500℃고 최저 온도는 영하 45℃입니다. 금성이 수성보다 멀면서도 이렇게 뜨거운 이유는 방금 전에 이야기한 온실효과 때문이에요. 금성의 대기층은 엄청 두껍거든요. 대기압이 지구의 90배래요. 지구보다 90배나 두꺼운 대기의 96%가 이산화탄소입니다. 지구도 이산화탄소 때문에 온실효과가 생기는 건 알고 계시죠? 어마어마한 양의 이산화탄소 때문에 금성은 상상할 수 없을 정도의 극심한 온실효과가 일어난 거죠. 참고로 지구 대기에 이산화탄소 비율은 0.04%밖에 안 됩니다.

최 — 그런데 행성의 대기성분이 무엇으로 형성되는지는 어떻게 정해지는 거예요? 완전 우연이에요?

K — 음, 그런 것 같아요. 자세한 내용은 지질학이나 대기과학 전문가를 모셔야 할 것 같아요.

최 — 이렇게 생각할 수도 있을 것 같아요. 지구랑 금성은 비슷할 수도 있었는데 지구에 생명체가 생기면서 이산화탄소를 엄청 많이 소비했잖아요. 그래서 이산화탄소 비율이 확 줄지 않았을까.

K— 네. 그건 맞아요. 지구의 대기성분 형성에는 분명히 생명체의 역할이 컸어요. 다른 행성들은 우연인 것 같고요.

원— 식물들이 이산화탄소를 많이 소비하지요.

K— 지구의 대기 조성에는 분명히 식물들이 굉장히 큰 작용을 했어요.

원— 그렇군요. 어쩌면 지구도 그대로 놔뒀으면 금성처럼 됐을 텐데 어쨌든 생명이 생겨나서 금성과 다른 길을 걷게 되었네요. 금성은 앞으로도 생명이 생겨날 기회가 없을 것 같아요. 금성은 대기가 두껍고 더울 뿐 아니라 대류 현상이 엄청나요. 평균풍속이 360m/s래요. 그 두꺼운 대기가 이렇게 빠른 속도로 회전을 하고 있죠. 또 구름의 성분이 황산이랍니다. 그래서 황산비가 내린대요. 생명이 살기에 아주 열악한 곳이죠. 차라리 추운 게 낫지. 추우면 두껍게 입으면 되는데 더우면 아무리 벗어도 덥잖아요. 이게 맞는 비유인지 모르겠지만.

K— 충분히 이해가 되는데요.

> **대류** 대류란 유체 내에서의 분자들이 확산이나 이류를 통해 이동하는 현상이다. 대류를 통한 열의 전달은 대표적인 열전달 방법 중 하나이며, 유체 내에서 물질이 전달되는 대표적인 방법이다.

원─ 추운 건 어떻게든 따뜻하게 만들 수 있는데, 더우면 아무리 벗어도 소용없어요. 이런 효과를 우주로 확대해보면 우리가 화성에는 자꾸 가면서 금성에는 안 가는 이유를 유추해볼 수 있어요. 그런데 금성을 흑체복사로 온도를 계산했을 때에는 영상 27℃ 정도로 산출이 된대요.

K─ 그러면 골디락스 존 범위에 있는 거예요.

원─ 그래서 1960년대 사람들은 금성에 생명이 살 가능성이 아주 높고 그리고 플로리다 같은, 아주 살기 좋은 기후일 것이라고 생각했대요. 평균온도가 영상 27℃ 정도로 추청되니까요. 그래서 탐사선을 보냈죠. 그랬더니 막상 도착해서 대비극을 맞은 거죠.

　금성과 관련된 또 다른 재미있는 에피소드가 있습니다. 이미 우리도 한두 번 언급했었던 금성인 사기 사건의 조지 아담스키라는 양반. UFO 탑승을 했다고 주장하는 UFO 접촉자죠. 1950년대 되게 유명했던 사람인데 이 사람이 외계인, 금성에서 온 금발미녀와 접촉했다고 주장했어요. 키가 한 2m쯤 되는 지구인하고 똑같이 생긴 금발미녀. 이런 이야기가 통했던 것은 그 당시에 금성이 아마 지상낙원 같은 그런 기후였을 거라고 생각했기 때문이었어요. 어쨌든 조지 아담스키는 금성 외계인 금발미녀와 많은 이야기를 했다고 주장했죠. 그래서 1960년대 초에 매리너 2호가 금성에 근접비행을 합니다.

· 외계 생명체에 대한 인간의 호기심은 가끔 사기꾼을 만들어내기도 한다 ·

매리너 2호   매리너Mariner 2호는 나사의 금성 탐사선이다. 원래 매리너 1호의 예비기로서 준비되어 있었으나, 매리너 1호의 실패에 의해 미국 최초로 행성 탐사에 성공한 행성 탐사선이 되었다. 1962년 8월에 발사되어 3개월 반의 비행을 거쳐 금성에 도착해 금성의 근접비행에 성공했다.

최 – 금발미녀를 찾으려고.

원 – 그렇죠. 그런데 가보니 대기가 너무 두껍고 막 이상한 거예요. 플로리다 같은 게 보일 거라고 생각했는데 반전이었죠. 그리고는 1967년에 소련의 베네라 4호가 착륙을 시도하다가 도중에 두꺼운 대기압에 의해 폭발을 해버려요. 대기가 그렇게 두꺼운 줄 몰랐던 거죠. 그냥 막무가내로 내리려고 하다가 뻥 터져버렸습니다. 1970년이 되어서야 처음으로 착륙에 성공했어요.

최 – 착륙을 하긴 했군요.

원 – 했어요. 베네라 7호라고 소련 우주선이 착륙을 했는데 23분 작동하고 녹아버렸어요. 표면 온도가 500℃씩 되니까. 그러고는 1982년도에 베네라 13호가 또 갑니다. 베네라가 아마 러시아어로는 비너스, 금성이 아닐까 싶은데 무려 13호예요. 왜 그렇게 많이 보낸 건지 모르겠어요. 러시아 애들은 금발미녀를 믿고 있었는지. 가서는 127분이나 작동을 했는데 이때는 액체

베네라 베네라Venera는 소비에트 연방이 1961년부터 1984년까지 금성에서 자료를 얻고자 보낸 탐사선으로, 베네라라는 이름은 금성(비너스)의 러시아어 이름에서 나왔다. 베네라 탐사선은 처음으로 사람이 만든 물건 중에 외계 행성의 대기권에 진입했고(베네라 4호가 1967년 10월 18일에 달성), 처음으로 사람이 만든 물건 중 외계 행성에 '사뿐히' 착륙했으며 (베네라 7호가 1970년 12월 15일에 달성), 처음으로 행성의 표면 사진을 지구로 전송하고(베네라 9호가 1975년 6월 8일에 달성), 금성의 고해상도 레이더 지도를 만들었다(베네라 15호가 1983년 6월 2일에 수행).

질소를 쏘면서 식혔대요.

최 ― 금성으로 많이 여행을 가면 열차폐 분야가 발전하겠네요.

원 ― 어릴 때부터 이런 걸 보고 있으면 금성이야말로 정말 탐사하기 어려운, 조건이 나쁜 행성이겠다는 생각이 들더라고요.

K ― 그렇죠. 그리고 별로 흥미가 안 생기게 되죠.

원 ― 당연히 이런 조건에서는 생명이 없을 것 같고.

최 ― 그런데 왠지 비너스라는 이름 때문에 미녀가 태양계 어딘가에 산다 하면 여기 살 것 같긴 해요.

K ― 그래서 조지 아담스키 같은 사람이 사람들의 그런 관념을

이용했잖아요.

최 ─ 그 사람은 완전 사기꾼이에요?

원 ─ 완전 사기꾼. 정신병자든가 사기꾼이든가 아님 둘 다든 가. 그런데 아담스키라는 사람 이야기가 나와서 말인데, 지 금이야 UFO를 봤다는 사람도 많고 사진 찍는 사람도 많지만 1940~1950년대에는 굉장히 드물었어요. UFO, 플라잉 소 서, 비행접시란 개념 자체가 대중적으로 조금이라도 알려진 게 1940년대고, 그 바닥 사기꾼 중에서는 이 사람은 선구자인 셈 이죠. 그 당시에는 흑백사진이다 보니 직접 자기가 찍었다고 내 놓으면 사람들이 믿곤 했어요.

K ─ 사람들이 지금보다 훨씬 순진할 때였으니까.

원 ─ 네. 그러니까 금성에서 이런 여자가 왔고 뭐 목성에서 누 가 왔다고 하면 그런가 보다, 멀쩡하게 노인네가 저런 거짓말 을 하겠냐고 생각했을 거예요. 그런데 조지 아담스키 이 양반 이 달 뒷면에도 풀과 나무가 있고 사람이 살고 있다고 이야기를 했거든요? 아직까지도 이게 회자돼요. 말도 안 되는 이야기인 데도 말입니다. 한 번 입에 오른 이야기는 쉽게 사라지지가 않 는가 봐요.

최 ─ 달에 아직 아무도 안 갔다 왔다고 말하는 거랑 똑같은 이야 기잖아요.

원 ─ 지금 이런 이야기를 하면 누가 듣고 믿겠어요. 그런데 이게 고전이 된 거예요. 그래서 아직까지 회자가 되는 아주 신기한 인물입니다.

K ─ 뭐든지 최초로 해야 해요.

원 ─ 그러니까.

최 ─ 처음에 비즈니스 모델을 잘 만들어야겠네요.

원 ─ 이 양반이 사기 범죄 경력도 있고 뭐 그럴 거예요.

최 ─ 아, 그래요?

원 ─ 어쨌든 그래서 1960년대까지, 1970년대 초까지도 우리는 금성에 대한 환상을 수백, 수천 년 동안 갖고 있었을 거예요. 그런데 가보니까 불지옥이었다. 생명이 살지 못할 것이다.

K ─ 금성은 위성이 없습니다.

원 ─ 수성도 없고요. 그런데 금성은 지구만 해서 위성이 있었을 법하지 않았을까요? 태양에서 너무 가까워서 그런가요?

K ─ 금성에 위성이 없는 거는 그냥 우연이죠. 이유는 딱히…. 지구에도 꼭 달이 있으란 법이 없거든요.

원 ─ 지구에 달은 또 저렇게 크고 그런데.

K ─ 우연인 거죠. 위성을 가지는데 법칙 같은 건 없으니까요.

원 ─ 맞아요. 우연히 없다. 어쨌든 금성 이후로 지구 바깥쪽으로 우주 탐사의 방향을 돌렸습니다. 예전에 무슨 명왕성 탐사에 대한 SF영화 같은 걸 본 적이 있는데, 명왕성이 너무 춥고 척박하다고 묘사했어요. 그런데 사실은 아까 말한 대로 뜨거운 쪽이 생명체가 살기 더 어렵습니다. 쇠도 녹아버리니까. 그래서 수성이나 금성 쪽으로 그다지 많이 안 가는 것 같아요. 게다가 금성은 대기가 너무 두꺼워서 사진을 찍어도 표면도 전혀 안 보이고요.

K − 그래서 레이더로 표면 지형을 조사했어요. 구름에 덮여 있지만, 전파 같은 걸로 다 조사해서 지형이 어떻게 생겼는지는 다 알아요.

원 − 산도 있고 뭐 그런가요?

K − 네. 산도 있고 계곡도 있고 다 있어요.

원 − 암석으로 된 행성이니까. 당연히 그런 지형이 있겠죠?

K − 네. 지형 같은 거 다 조사했습니다.

원 − 수성부터 화성까지는 전부 돌로 된 행성입니다. 위에 대기가 있든 없든 산이나 계곡 같은 돌로 된 지형이 존재한다는 거죠. 어쨌든 수성과 금성, 이 두 행성에는 생명이 살 가능성은 거의 없는 것 같습니다. 다음에 지구라는 행성인데, 여러분이 들어보셨을지는 모르겠지만 여기에는 생명이 살고 있다는 설이 지배적이고요. (웃음)

K − 증거도 있어요.

원 − 네! 증거도 있다고 합니다. (웃음) 지구는 언제 한번 지구과학 전문가를 모셔서 이야기를 해보려 합니다. 사실 지구에 대해서 잘 모르잖아요. 지구에 대해서는 단지 행성이라는 관점도 있지만 생물학적인 화석이라든가, 진화같이 이야기할 게 많습니다. 또 심해 이런 것도 이야기할 게 굉장히 많으니까 다음에 전문가를 모시고 지구 이야기를 하도록 하죠.

지구 밖 최초의 물의 흔적 : 화성

원 ─ 자, 그럼 이제 화성火星, Mars으로 넘어가겠습니다. 화성에 관해서는 굵직한 뉴스가 2개나 있어요. 하나는 화성에 최소한 수백만 년 동안 물이 존재했다. 최소한 수백만 년 동안. 나사 NASA가 발표한 겁니다. 35억 년 전 지구에 생명이 태어나던 그때쯤, 화성에 생명체가 분명히 있었을 거다. 이걸 <u>큐리오시티</u>가 확인을 했다고 2015년 12월 8일 나사가 발표했어요.

K ─ 네. 오랫동안 화성에 물이 있었다는 건 이미 큐리오시티가 찍은 자갈 사진으로 예상하고 있었어요. 물에 의해서 깎인 조약돌로 추측한 거죠.

원 ─ 동글동글하게 깎인 조약돌.

K ─ 네. 동글동글한 조약돌. 흐르는 물에서만 만들어질 수 있는 조약돌 사진을 이미 봤기 때문에 화성에 굉장히 오랫동안 물

• 화성에는 최소한 수백만 년 동안 물이 존재했었다 •

큐리오시티 큐리오시티는 나사의 화성 과학 실험실MSL 계획의 일부로, 게일 분화구와 그 일대를 탐사하는 자동차 크기만 한 로버이다. 큐리오시티는 2011년 11월 26일에 케이프커내버럴 공군기지에서 화성 과학 실험실 선체에 실려 발사되었고, 2012년 8월 6일에 화성의 게일 분화구 내부의 아이올리스 평원에 착륙했다. 큐리오시티는 5억 6,300만km라는 엄청난 거리의 여정임에도 불구하고, 브래드버리 착륙지점에서 불과 2.4km 거리의 지점에 착륙했다. 큐리오시티의 목표는 화성의 기후와 지질조사(선택된 위치인 게일 분화구가 지금까지 미생물에 유리한 환경 조건을 제공했는지 여부를 평가함)를 포함하여 물의 역할에 대한 조사와 미래의 인간의 탐험에 대비한 행성의 생명체 연구이다. 큐리오시티는 화성이 미생물이 살기에 유리한 조건을 가지고 있다는 사실을 확인했다.

• 큐리오시티(왼쪽)가 찍은 게일 크레이터(오른쪽) •

이 있었을 것이란 사실은 이미 알고 있었어요. 대신 좀 더 구체
적인 수치를 밝힌 거죠.

원— 큐리오시티가 찍은 사진이에요. 게일Gale 크레이터라고 지
름이 154km나 되는 분화구인데, 이게 한때는 물이 있었던 호
수였을 거래요. 여기를 분석해보니까 강에 흐름에 따라 만들어
지는 삼각주의 모습도 옆에서 확인이 되고, 무엇보다도 이 크
레이터 한가운데에 5,000m짜리 산이 있어요. 샤프Mt. Sharp라는
산인데, 이 산에 쌓인 퇴적물들을 관찰했습니다. 퇴적물이라는
게 아시다시피 강물에 의해서 토사가 쌓이는 거잖아요. 이걸 봤

을 때 적어도 수백만 년에서 수천만 년에 걸쳐서 강물이 형성한 것이고, 이건 물이 존재했다는 명확한 증거가 된 거죠. 지구에서 연대를 추정하는 것과 마찬가지로 말입니다. 물이 오랫동안 있었다는 확실한 증거, 스모킹 건smoking gun이에요. 그렇다면 결국 과거에 화성에 생물체가 존재했었다는 추론에 점점 무게가 실리는 거죠. 이제 생명체의 직접적인 흔적이나 사체, 지금 살아 있는 생명체, 그것만 발견하면 됩니다.

K— 다 찾았는데 그것만 못 찾고 있어요.

원— 저 발표 직후에 나사에서 또 다른 뉴스를 발표합니다. 화성에서 메탄 흔적을 발견한 거예요. 그런데 메탄이 생명이랑 관련된 기체라 하더라고요.

K— 그렇죠. 지구 대기에는 항상 생명체가 만들어내는 메탄가스가 있죠.

원— 모든 메탄가스를 생명이 만드는 것은 아니죠?

K— 그런 건 아닙니다. 그런데 메탄은 가만두면 분해가 되거든요. 그래서 메탄이 있다는 건 생명체든 아니든 메탄을 계속 만들어내는 뭔가가 있다는 거예요.

원— 가만두면 없어지는데 있다는 건 메탄을 만드는 뭔가가 있다는 말씀이신 거죠? 그런데 화성에 이 흔적이 있다. 오직 메탄을 추적을 하러 간 15kg밖에 안 되는 작은 위성 망갈리안 호도 있습니다. 망갈리안 호는 아직 못 찾은 것 같아요. 나사의 큐리

• 오직 화성에서 메탄의 흔적을 찾기 위해 망갈리안 호를 우주로 쐈다 •

오시티가 먼저 찾은 것 같은데, 일시적으로 메탄이 분출돼서 메탄 농도가 평소보다 10배 이상 높아졌대요. 2013년의 일입니다. 2013년 9월부터 2014년 1월까지 메탄 농도가 높게 유지됐는데 이게 아마도 생물체랑 관련이 있을 수 있다고 이야기를 하더라고요. 이런 식으로 화성의 생명 정황은 점점 증거가 쌓이고 있는 거죠.

최― 생명체가 아니라면 메탄이 갑자기 그렇게 늘어날 수 있는 요인에는 뭐가 있어요?

K― 운석 충돌 같은 것도 있고 몇 가지 있긴 한데, 지구 같은 경우는 생명체가 굉장히 큰 역할을 해요.

원― 혹시 분출된 메탄이 생명체가 만든 것일 수도 있겠지만, 옛날에 만들어졌던 것들이 어디 암석 같은 데 갇혀 있다가 뿜어 나올 수도 있지 않을까요?

K― 그럴 수 있죠. 그렇다고 추정하고 있을 거예요.

원― 그래서 화성의 생명. 조만간 발견할 것 같죠?

K― 할 것 같아요. 뭐라도 나올 것 같아요.

원― 네, 그렇답니다. 그리고 문명文明. 생명도 중요한데 저는 문명이 있었는지가 더 궁금해요. 문명의 흔적이 있는지. 사실은 굉장히 이상한 사진들이 많이 찍혀 있어요.

K― 사실은 문명 정도가 나와야 재밌을 것 같아요.

최― 이제는 메탄, 물의 흔적 정도는 아무 감동이 없어요.

K― 저는 최근 뉴스인가, 옛날 뉴스인가 헷갈릴 때도 많아요.

최― 너무 자주 막 떡밥만 던지고.

원― 문명의 흔적은 사실 유인 탐사선이 가야 찾을 수 있지 않을까 그런 생각이 들어요.

K― 제대로 탐사, 발굴을 해야 찾을 수 있겠죠.

최― 직접 가서 삽으로 이렇게.

원— 이명현 박사님도 이야기하셨지만 생명이든 뭐든 사람이 보면 직관적으로 사람이 만든 건지 살아 있는 건지 알 수 있는데, 기계가 분석하는 걸로는 조금 어려운 부분이 있다고 말씀하셨거든요. 조만간에 화성에 간다고 하니까 좋은 소식들이 많이 오기를 기다려보겠습니다. 화성 이야기는 뭐 이 정도로 넘어가고요. 그래서 이 화성까지가 소위 내행성들, 암석행성들이죠. 수금지화 이렇게 4개.

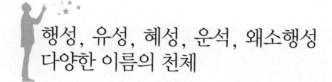

행성, 유성, 혜성, 운석, 왜소행성
다양한 이름의 천체

원 ― 그다음에는 목성이 바로 있는 게 아니라 소행성대가 등장을 합니다. 그런데 박사님, 소행성이라고 뭐 작은 행성 이런 추상적인 개념이 아닌 정확한 기준이 있을 거 아니에요?

K ― 소행성의 정의가 사실 좀 모호해요. 행성의 정의도 사실 없었거든요.

원 ― 맞다, 그랬죠.

K ― 정의 없이 9개 행성이라고 정했다가 곤란해지니까 2006년에서야 행성의 정의를 만들었잖아요.

원 ― 명왕성冥王星, Pluto 퇴출하던 시점에.

K ― 네. 그때 행성의 정의를 만들었고 왜소행성의 정의도 만들었어요. 소행성은 행성·왜소행성·혜성이 아닌, 좀 애매모호한 것들을 소행성이라고 뭉뚱그려 말했어요. 명확한 정의를 만들

카이퍼 벨트까지의 태양계 지도

VENUS

MARS

EARTH

SUN

MERCUTY

| 과학하고 앉아있네

SATURN

KUIPER BELT

NEPTUNE

PLUTO

JUPITER

URANUS

ASTEROID BELT

진 않은 걸로 알고 있어요.

원 ─ 그러니까 대충 행성이나 왜소행성보다 작은, 그런데 또 너무 눈곱만큼 작지는 않은, 한 몇십 m는 되는 것들을 총칭해서 소행성이라고 한 거군요. 그래도 중요한 건 태양을 공전해야 되는 거죠?

K ─ 그렇죠.

원 ─ 목성을 공전하는 돌덩이들은 소행성이 아닌 거잖아요.

K ─ 그건 목성 위성이죠.

원 ─ 비슷하게 생겼어도. 이게 되게 중요한 것 같아요. 행성이든 소행성이든 태양을 공전하고 있는 천체와 다른 천체를 공전하고 있는 천체는 좀 급이 달라지는 거잖아요. 어쨌든 소행성은 태양을 공전하는 천체입니다. 그럼 운석은 뭐예요?

K ─ 운석은 걔들 중에 지구로 떨어지는 게 운석이죠.

원 ─ 지구로.

K ─ 지구나 다른 행성, 화성으로 떨어지면 화성운석이 되는 거고 목성으로 떨어지면 목성운석이 되는 거고.

원 ─ 그럼 혜성이 떨어지면 운석이라고 안 그러나요?

K ─ 떨어지면 운석이에요.

원 ─ 떨어지면 무조건 운석이다.

최 ─ 그런데 멀쩡히 태양 중력에 묶여가지고 돌던 애들이 왜 갑자기 떨어지게 되는 거예요?

K― 여러 가지 이유가 있는데 자기들끼리 중력의 영향을 받아서거나, 다른 천체 같은 거에 영향을 받아서 튀어나오기도 하고….

원― 궤도가 이렇게 맞닥뜨리는 것도 있을 것이고….

K― 어쨌든 정확한 정의는 운석은 땅에 떨어진 것이고, 떨어지고 있는 건 유성이라고 해요.

원― 과학적으로 정확하게 말하자면 "앗! 운석이 오고 있어"라고 말하면 안 되는 거고요, 소행성이 오고 있어도 아니고, "유성이 오고 있어"입니다.

K― 대개 유성은 떨어지다가 대기의 마찰로 다 타는데, 안 타고 땅에 떨어지면 운석이 되는 거죠.

원― 그걸 위급상황에서 정확하게 말하지 않아도 되겠죠? 소행성이 다가오고 있다가, 어느 시점이 되면 유성으로 바뀌었으니까 유성에 의해서 멸망하기 직전이 되었다가, 떨어진 순간에는 운석이니까 운석에 의해 멸망했다. 이런 식으로 용어를 바꿔서. 소행성이 다가오는 순간에는 금방 죽게 될 테니까 이런 상황에서는 중요하진 않겠죠? 자, 다시 정리를 하자면 소행성은 돌고 있는 게 소행성이고, 지구에 떨어지기 시작하는 건 유성입니다. 그러니까 유성은 별똥별이랑 같은 거죠?

K― 네, 같습니다.

원― 크든 작든 유성이고 지구에 떨어지고 나서는 운석이다. 화성에 떨어져도 운석이다.

그런데 소행성들이 소행성대에 모여 있잖아요. 그런데 굉장히 넓은 공간에 모여 있더라고요. 보니까 3억 3,000만 km~5억 km 사이. 여기에 소행성 몇백만 개가 있는 건가요? 작은 거 큰 거 다 합치면 몇백만 개?

K─ 몇 개인지는 아마 모를 거예요. 아무도. 그런데 다 모아도 질량이 그렇게 많지 않아요. 달만큼도 안 돼요.

원─ 전에 K박사님이 해주신 이야기가 기억나는데, 그 이야기를 듣고 제가 굉장히 기분 좋았거든요. 이 잔해들이 아주 작게 흐트러져서 멀리 나갔을 경우에는 계산이 안 될 수도 있으니까 그건 모르는 거라고. 아직 과학적으로 규정된 건 아니라고.

K─ 그걸 누가 알겠습니까.

원─ 그런데 〈스타트렉〉 같은 영화를 보면 소행성대에 들어간 로켓이 게임에서처럼 무수히 다가오는 소행성들을 아주 빠른 속도로 위험천만하게 피하다가 부딪히기도 했다가 겨우 탈출을 하거든요? 그런데 이런 건 아니겠죠? 그죠?

K─ 이 소행성대에는 아닌데 다른 별로 가면 그런 게 있을 수도 있어요.

원─ 다른 별로 가면요?

K─ 네. 이제 갓 폭발한 행성 같은 거.

K2─ 토성의 고리 뭐 이런 거.

· 소행성대에는 무수히 많은 소행성들이 떠다닌다 ·

K - 토성의 고리 이런 데 들어가면….

원 - 그런 데 들어가면?

K - 토성의 고리도 일종에 소행성대과 비슷하거든요.

원 - 다닥다닥 붙어 있나요? 토성의 고리는?

K - 토성의 고리는 진짜 각각을 피해 다니기 힘들 정도예요.

원 - 아, 그 정도로 밀집해 있나요? 사람이 다니기도 쉽지 않겠
네요?

K - 그 정도는 아닐 겁니다.

원 - 지난번에 저희 방송에서도 잠깐 이야기했던 것 같은데, 이
소행성대를 통과해서 우리 보이저나 파이어니어가 나갈 때 소

행성을 거의 보지도 못했다고 해요. 그 정도로 멀리 떨어져 있다고. 그런데 영화 같은 상황이 구현될 수도 있는데, 토성의 고리 같은 곳으로 로켓이 들어가는 경우는 그런 장면이 가능하대요. 그런데 전에 제가 이와 관련된 이야기를 하면서 소위 <u>티티우스-보데의 법칙</u>에 따라서 소행성대에 행성이 하나 있으면 좋겠다라고 말한 적이 있어요. 그런데 세레스라는 지름 한 900~1,000km 사이의 왜소행성을 여기서 발견했죠?

K― 그렇죠.

원― 그래서 세레스가 소행성 1번.

K― 제일 먼저 발견됐으니까.

원― 세레스는 사실 티티우스-보데 시절에 이미 발견을 했더라고요. 비교적 잘 보이는 망원경으로 찾은 것 같아요. 2014년 12월 22일자 뉴스에 따르면 세레스에도 생명이 있을 수 있다는 이야기가 있었더라고요. 예전에는 생명이 있으면 맨 처음에 저 행성들 중에 하나 있으려니, 금성인, 목성인, 화성인, 토성인.

티티우스-보데의 법칙 티티우스-보데의 법칙Titius-Bode law은 태양계 행성의 태양으로부터의 위치에 대한 규칙으로 비텐베르크대학의 수학 교수 티티우스J. D. Titius가 1766년에 발견하고, 베를린 천문대장 보데Johann Elert Bode에 의해서 1772년에 공표됐다. 태양에서 행성까지의 거리가 $2^n \times 0.3+0.4$의 식을 만족하고 n에 수성부터 차례로 $-\infty$, 0, 1, 2,… 을 대입하여 값을 얻는다. 단위는 태양에서 지구까지의 거리인 AU0이다. $n=3$인 거리 근처에서 소행성이 발견되었다. 해왕성 이후로는 잘 맞지 않는다.

• 돈 탐사선은 소행성 세레스에서 액체 상태의 물을 찾고 있다 •

이런 식으로 생각을 했어요. 그런데 우주 탐사가 많이 되면서 어쩌면 이런 위성들에도 있을 가능성이 있다고 생각하기 시작했어요. 그런데 이제는 심지어 소행성조차도 생명이 있을 수 있다는 이야기를 해요.

2015년 3월에 나사의 탐사선 돈Dawn이 세레스 궤도에 진입했습니다. 세레스는 소행성 중에 가장 큰데, 여기에 물이 엄청 많을 거라고 추측하고 있어요. 그런데 얼음 상태의 물은 분명히 굉장히 많을 텐데, 어느 정도가 액체인지 몰라요. 이건 아주 중요한 문제인데, 왜냐하면 사실 물은 우주에 굉장히 많거든요. 어디에나 있는데 우리에게 필요한, 생명에게 필요한 건 액체 상태에 물의 유무잖아요, 그죠? 그런데 과학적으로 같은 용어를 쓰다 보니까 혼동이 생기는 것 같아요. 행성에 물이 있다. 그런데 행성에 찰랑찰랑한 물이 있다는 게 아니라 얼음이 있다는 거잖아요? 그런데 얼음이 녹아 있어야 생명활동이 벌어질 수 있으니까 녹아 있는 물을 찾는 게 중요해요. 그런 게 어쩌면 있을지도 모른다고 이야기를 하는 거죠.

나중에 다시 이야기하겠지만 유로파나 엔셀라두스 같은 목성, 토성 위성들의 얼음 층 밑에 굉장히 많은 액체의 물이 있다고 하잖아요. 이 두 천체와 더불어 생명이 존재할 수 있는 새로운 후보로 이 세레스 소행성이 주목을 받고 있다고 합니다. 저

유로파 유로파Europa는 목성의 위성 중 하나로 갈릴레이 위성에 속하는 위성이며, 갈릴레이 위성 중 가장 작지만 태양계의 모든 위성 중에서는 여섯 번째로 크다. 2014년 9월 8일, 나사는 지구가 아닌 다른 세계(유로파)에서 판 활동이 일어난다는 이전의 이론을 증명하는 첫 번째 증거를 찾아서 발표했다. 유로파는 생명체가 살고 있을 가능성이 가장 큰 천체 중 하나로 여겨지고 있다.

엔셀라두스 엔셀라두스Enceladus는 토성에서 14번째로 떨어진 위성이다. 엔셀라두스는 1789년 8월 28일에 그때 당시 가장 컸던 47인치 망원경을 통해 윌리엄 허셜이 발견했으며 겉보기 등급이 11.7로 어두운 편에 속한다.

• 하얗고 동그란 왜소행성 세레스의 표면은 두꺼운 얼음층이다 •

도 세레스에 대해 알기 전까지만 해도 소행성에 무슨 생명이 있을까 생각했었어요. 소행성은 대개의 경우 크지만 감자같이 생긴 돌덩어리라고 생각하잖아요.

K — 세레스는 왜소행성이죠.

원 — 정확하게 말하자면 그렇죠.

K — 왜소행성과 소행성은 구형이나 아니냐로 구별해요. 구형이면은 왜소행성이고 감자처럼 생기면 소행성이에요.

최 — 세레스는 그럼 동그래요?

K- 동그래요.

원- 사진을 보면 아시겠지만 하얗고 동그래요. 이게 다 얼음이래요. 소행성대에 들어있는 왜소행성. 여기에도 생명체가 있을 수 있다. 이렇게 보면 태양계에 생명체가 있을 수 있는 데는 정말 많을 것 같아요.

K- 있을 수 있는 데는 정말 많죠.

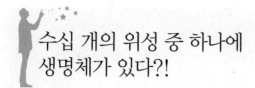

수십 개의 위성 중 하나에 생명체가 있다?!

원— 이 소행성대를 넘어가면 이제 목성木星, Jupiter이 나옵니다. 목성은 태양계에서 제일 큰 행성이죠?

K— 그렇죠.

원— 일설에 따르면 항성이 되려다가 못 됐다는 이야기도 있잖아요? 이건 말도 안 되는 이야기인가요?

K— 질량이 더 컸으면 됐겠죠. 질량이 모자라니까 못 된 거죠.

원— 질량이 모자라군요. 목성에 대해서 제가 이야기를 좀 할게요. 대부분 크다 정도만 아실 것 같은데 대충 사실 위주로 정리해보겠습니다. 목성은 태양계에서 가장 큰 행성으로 적도지름이 무려 14만 3,000km입니다. 지구의 11배 정도죠. 극지름이 13만 4,000km이고요. 그런데 목성은 기체행성이잖아요. 그런데 기체행성의 정의가 뭔가요? 그냥 기체 덩어리인 거예요?

· 목성은 질량이 조금 모자라서 항성이 되질 못했다 ·

K- 네. 태양하고 성분이 같아요. 수소, 헬륨. 그래서 태양이 되려다가 말았다고 말하는 거예요. 성분은 똑같은데 그 상태로 질량만 컸으면 태양이 되는 거죠.

원- 질량이 작아서.

K- 네.

원- 지구 같은 행성이랑은 완전히 다른 존재잖아요.

K- 그렇죠. 보통 별이 만들어질 때 혼자 만들어지는 게 아니라 성간기체에서 여러 개가 동시에 만들어지는데, 성간기체가 목

성에 좀 더 많이 몰려갔으면 태양의 쌍성이 됐겠죠.

원 ─ 만약 그랬으면 지구는 지금과 달라졌겠네요? 뜨겁고 이상하고.

K ─ 태양이 2개가 되는 상황이 되니까.

최 ─ 그래서 왜, 목성에 불을 붙이는 이야기 나오잖아요.

원 ─ 『2001 : 스페이스 오디세이』에 나와요.

K ─ 목성을 압축해가지고 핵융합이 일어나게 해서 별로 만들어 버리는.

원 ─ 굳이 왜 그랬었죠?

K ─ 유로파 생명체 때문에요.

원 ─ 아, 그랬군요. 원래 『2001 : 스페이스 오디세이』 소설 원작은 목성으로 가는 게 아니라 토성의 아이아피터스 위성으로 가는 건가 그랬어요.

다시 목성으로 돌아와서, 목성은 공전주기가 깁니다. 태양과 머니까요. 케플러 제3법칙을 따르죠. 공전주기가 12년입니다. 여기서 되게 재밌는 부분이 있는데, 자전주기는 그럼 얼마일까요? 한번 맞혀보실래요?

최 ─ 한 1년?

원 ─ 9시간 55분.

K ─ 엄청나게 빠른 거죠.

원 ─ 그런데 어떻게 이게 가능하죠?

· 『2001: 스페이스 오디세이』에 목성에 불을 붙이는 이야기가 나온다 ·

K ― 각운동량 보존 법칙이라고 혹시 아시나요? 회전반경이 작아지면 회전이 빨라지잖아요. 피겨 스케이팅을 떠올리시면 이해가 쉬워요. 팔 구부리면 빨리 돌잖아요. 목성이 처음엔 컸을 거예요. 그러다 수축을 했거든요? 그런데 목성은 기체행성이니까 수축을 더 많이 했겠죠.

> **각운동량 보존 법칙** 각운동량 보존 법칙은 외력이 작용하지 않을 경우 회전하는 물체의 각운동량이 보존된다는 법칙이다. 각운동량은 질량, 반지름, 속도의 곱으로 결정되어 질량이 일정할 경우 각운동량이 보존되기 위해서는 반지름이 작아지면 회전속도가 커져야 한다.

원─ 처음에 비해서.

K─ 네, 처음에 비해서 크기가 많이 작아진 거죠. 그러니까 속도가 많이 붙죠.

원─ 그 상태에서 각운동량을 유지해야 하니까?

K─ 그 상태를 유지해야 하니까 빨리 돌아야죠.

최─ 아. 그러면 지금도 계속 빨라지고 있어요?

K─ 조금? 그것까지는 모르겠는데요.

원─ 우리 눈에 띨 정도로 바뀌진 않겠지만 그럴 거 같은데요?

K─ 엄밀하게 조사하면 그럴 수도 있는데 수축이 더 안 되는 걸 미루어 짐작했을 때 거의 평형 상태일 수도 있어요. 수축을 많이 했기 때문에 반지름이 많이 줄어서 회전 속도가 많이 빨라졌죠.

원─ 그래서 공전은 12년이나 걸리는데 자전은 9시간 55분밖에 안 걸리는군요.

K─ 그래서 목성은 약간 납작하게 생겼어요. 적도지름과 극지름이 차이가 많이 나잖아요. 원심력 때문에 빨리 돌다 보니까 그런 거예요. 가스가 빨리 도니까 납작하게 만들어지죠.

원─ 그렇군요. 또 목성의 온도도 사실 태양과 멀어질수록 점점 차가워져야 할 것 같은데 여기 평균온도가 영하 108℃래요. 최저 온도는 영하 160℃이고요. 그런데 생각만큼 온도 차이가 많이 안 나더라고요.

K― 대류가 잘되는 기체행성이기 때문이에요. 열순환은 서로 잘되니까 골고루 퍼지겠죠. 일방적으로 한쪽만 가열되거나 그러지는 않을 거예요. 그리고 자전 속도가 빠르잖아요. 골고루 데워지죠.

원― 그렇군요. 또 토성하면 고리지만 목성하면 그 빨간 점! 대적반이라고 하나요? 이게 폭풍인가요? 태풍?

K― 네. 태풍 같은 거예요.

원― 그런 거죠? 제가 잘 몰랐는데 17세기 망원경으로 한 300년 가까이 관측해왔는데요, 이 대적반이 처음 관측할 때보다 한참 작아졌대요. 100년 전에도 지금보다 훨씬 컸다고 하더라고요. 계속 작아지고 있다고.

K― 태풍이 왜 그렇게 유지되는지는 아직 아무도 몰라요. 대적반의 원인도 아직 정확하게 모르고 있어요.

원― 작아지고 있으면 없어질까요? 조만간에?

K― 뭐 그럴 수도 있어요.

원― 없어지면 되게 섭섭하겠다. 그죠? 목성 하면 딱 그 시뻘건 눈이 있어야 되는데.

대적반 대적반은 목성의 남위 22°에 지속적으로 존재하는 고기압성 폭풍이다. 대적반은 1830년부터 지속됐고, 1665년 이전부터 있었다고 추측된다. 폭풍은 지구의 3배 크기로, 지구에서 망원경으로 관측이 가능할 정도로 크다.

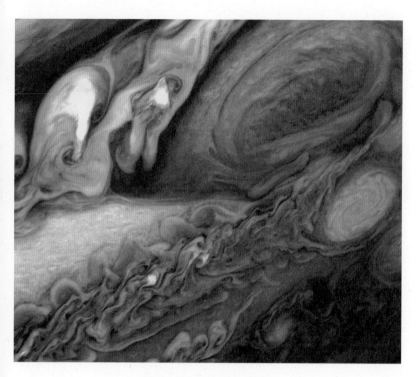

• 목성의 눈! 대적반이 점점 작아지고 있다 •

K— 대적반 크기가 지구보다 훨씬 크거든요?

원— 그렇죠. 그래도 많이 줄어서 지구보다 조금 크다고 그러더라고요. 전에는 훨씬 컸대요. 그런데 전에는 작아지고 있다는 사실은 몰랐어요. 목성에 고리가 있는 것도 몰랐어요. 목성에도 작은 고리가 있거든요. 그게 맨눈으로는 안 보이죠? 망원경으로는 보이나요?

K― 망원경으로도 잘 안 보여요. 아마 보이저 호가 발견한 걸 거예요.

원― 가서 발견했군요. 나중에 외행성들에는 전부 작게나마 고리가 있다고 이야기했지요? 그래서 태양계 다른 행성에도, 심지어는 큰 기체행성에는 다 고리가 있지 않냐는 이야기를 하기도 해요.

K― 거의 그럴 것 같아요. 그리고 얼마 전에 고리를 가진 소행성도 발견됐잖아요.

원― 맞아요, 그랬죠. 그 조그만 소행성이 건방지게.

최― 반지를 다 끼고.

원― 역시나 우연이겠죠? 혹시 어릴 때 목성 위성을 몇 개라고 배웠는지 기억나세요? 물론 우리 어릴 때라는 게 다 시대가 다르긴 합니다만 저는 11개로 배웠어요.

K― 네. 그 정도로 나와 있었어요.

원― 그랬었죠. 그런데 지금은 60개가 넘더라고요. 60개가 넘는 위성이 이렇게 막 돌고 있다고.

K― 토성은 더 많아요.

원― 위성의 개수는 결국 우리가 찾은 걸 이야기하는 것이기 때문에 실제로는 작은 위성이 더 있을 수도 있어요.

K― 정확하게 몇 개인지 저도 몰라요. 어느 시기에 정확하게 몇 개라는 공식적인 숫자는 있는데, 굳이 기억할 필요가 없죠.

메이커스

정식 한국어판 大人の科学 한국어판

---

vol.1

70쪽 | 값 48,000원

천체투영기로 별하늘을 즐기세요!
이정모 서울시립과학관장의
'손으로 배우는 과학'

make it! 신형 핀홀식 플라네타리움

---

vol.2

86쪽 | 값 38,000원

나만의 카메라로 촬영해보세요!
사진작가 권혁재의
포토에세이 사진인류

make it! **35mm 이안리플렉스 카메라**

---

vol.3

Vol.03-A 라즈베리파이 포함 | 66쪽 | 값 118,000원
Vol.03-B 라즈베리파이 미포함 | 66쪽 | 값 48,000원
(라즈베리파이를 이미 가지고 계신 분만 구매)

라즈베리파이로 만드는
음성인식 스피커

make it! **내맘대로 AI스피커**

---

vol.4

74쪽 | 값 65,000원

바람의 힘으로 걷는 인공 생명체
키네틱 아티스트
테오 얀센의 작품세계

make it! 테오 얀센의 미니비스트

---

vol.5

74쪽 | 값 188,000원

사람의 운전을 따라 배운다!
AI의 학습을 눈으로 확인하는
딥러닝 자율주행자동차

make it! **AI자율주행자동차**

메이커스 주니어

만들며 배우는 어린이 과학잡지

초중등 과학 교과 연계!

교과서 속 과학의 원리를 키트를 만들며 손으로 배웁니다.

메이커스 주니어 01

50쪽 | 값 15,800원

홀로그램으로 배우는 '빛의 반사'

Study | 빛의 성질과 반사의 원리

Tech | 헤드업 디스플레이, 단방향 투과성 거울, 입체 홀로그램

History | 나르키소스 전설부터 거대 마젤란 망원경까지

make it! **피라미드홀로그램**

메이커스 주니어 02

74쪽 | 값 15,800원

태양에너지와 에너지 전환

Study | 지구를 지탱한다, 태양에너지

Tech | 인공태양, 태양 극지탐사선, 태양광발전, 지구온난화

History | 태양을 신으로 생각했던 사람들

make it! **태양광전기자동차**

• 갈릴레이 위성은 목성의 60여 개 위성 중 가장 유명하고 중요하다 •

원— 제가 알기론 60여 개라고. 어쨌든 이렇게 많은 위성 중에 유명한 것들이 있어요. 갈릴레이 위성. 이게 되게 중요한 위성들입니다. 갈릴레오가 망원경을 만들어서 목성을 관측하다가 주변을 돌고 있는 가니메데Ganymede, 유로파, 칼리스토Callisto, 이오Io, 이 4개의 위성을 발견했어요. 이 위성에 '생명이 있을 가능성이 있다', '물이 많다'라는 이야기들을 해서 관심이 집중이 됐잖아요.

갈릴레이 위성 갈릴레이 위성Galilean moons 또는 갈릴레오 위성은 1610년 갈릴레오 갈릴레이가 목성 주변에서 발견한 4개의 위성을 뜻한다. 위성의 이름은 이오, 에우로페, 가니메데스, 칼리스토 등 제우스(주피터)의 연인의 이름을 따서 지었다.

태양계에서 물이
가장 많은 천체

원— 여기서 제가 돌발퀴즈를 하나 드릴게요. 태양계에서 액체 상태의 물이 가장 많은 천체는 어디일까요?

최— 지구요!

원— 누구나 지구라고 생각을 하죠. 그런데 아닐 가능성이 아주 커요. 목성 위성, 방금 이야기한 유로파가 물, 심지어 액체 상태의 물을 가장 많이 가졌을 거라 추측해요. 제가 좀 찾아봤는데, 방금 이야기한 그 가니메데나 칼리스토 이런 데도 물이 있을 수 있고 꽤 많을 것이라 추측해요. 그중에 유로파가 특히 많을 것 같다고 이야기하더라고요. 표면이 다 얼음이에요. 생 얼음. 유로파를 보면 평평한 얼음덩어리지요. 두께가 몇십 km, 몇백 km 되는 얼음덩어리 밑에 깊이가 몇백 km나 되는 바다가 있대요. 그런데 유로파가 지구보다 훨씬 작더라도 지구의 바

유로파   지구

• 유로파의 물은 지구보다 많다! •

다는 가장 깊은 데가 고작 11km거든요. 마리아나 해구의 챌린
저 해연이 1만 1,034m. 그런데 유로파는 100km가 넘어요. 전
에 유로파 물을 다 빼 와가지고 동그랗게 뭉치고, 지구 바닷물
을 다 빼 와가지고 동그랗게 뭉쳐서 그린 다이어그램을 봤는데
유로파 물이 조금 더 많더라고요. 아직 확신할 순 없지만 답은
지구가 아니라 유로파인 것 같아요. 모르셨죠? 신기하지 않습
니까? 이뿐만이 아니고 방금 이야기했다시피 다른 위성에도 굉
장히 많은 물이 있어서 실제로 액체 상태의 물이라는 게 태양계

내에서 그렇게 귀한 건 아니라고 해요.

K — 어떻게 보면 물이 사실 너무 흔해요. 그래서 생명체가 다른 곳에도 있을 가능성이 크다고 볼 수밖에 없지요.

원 — 이렇게 큰 바다가 있고, 어쨌든 액체 상태의 물이라면 수온이 엄청나게 낮지는 않을 테니까요. 물론 압력이 다르겠지만 어쨌든 뭔가 살아 있지 않을까요?

K — 충분히 그럴 수 있죠.

원 — 그런데 이걸 보려면 몇십 km의 얼음을 뚫고 들어가야 되잖아요. 아님 생물들이 얼음 밖으로 나오든지. 이런 생각을 해 봤어요. 제 SF 소재 중 하나예요. 유로파의 물속에서 생명이 태어나 문명을 이룬 거죠. 유로파 생명체들의 우주는 물속인 거예요. 지구는 물 밖으로 나와서 문명을 만들었는데, 물론 우리도 우주 밖으로 못 나가고 오랫동안 지구에서만 살았지만 그래도 저 멀리 별이 있다는 생각을 많이 했어요. 그런데 얘네들의 우주는 얼음 밑바닥이 전부라고 생각하고 살다가 어느 시점에 저걸 뚫고 나오는 거예요. 그때에는 어떤 충격을 받게 될까.

최 — 죽지 않을까요?

원 — 일단 죽을 거예요. 압력이랑 이런 것 때문에.

K — 우주복을 입어야 해요.

원 — 사실 우주복도 얼음 두께가 100km씩 되면 압력이라는 게 엄청날 텐데 우리가 받는 공기압은 겨우 1기압이잖아요. 우주에 나가면 0기압이니까 기압 차이가 1기압밖에 안 나는 거예요. 그래서 우리 생각에는 우주에 맨몸으로 나가면 뻥 터질 것 같지만 그렇지 않거든요? 그런데 얘네들은 막 몇천 기압씩 되는 곳에서 사는데 그 차이를 견디는 우주복을 만들 수 있을까라는 생각도 들어요.

K ― 못 나올 것 같네요.

원 ― 저편을 찾아가겠다고 얼음을 깨는 순간, 멸종하는 그런 운명의 장난에 빠진 종족인 거죠.

K ― 한 세대에 얼마씩, 조금씩 조금씩 올라와야죠.

원 ― 조금씩 조금씩 압력이 낮아지면 거기 맞춰서 진화하고요.

K ― 유로파 온난화 이런 것 때문에 얼음의 두께가 얇아질 수도 있어요.

원 ― 유로파 생명체들은 바깥세상이 전혀 안 보이니까 온난화의 원인이 뭔지 고민하면서 이상한 추정을 할 수도 있지요. 이와 비슷한 생명이 살 수 있는 천체가 몇 개씩 되니까 개네들의 세계관을 상상해보면 정말 흥미롭습니다. 언젠가 인류가 유로파에 착륙해서 얼음을 뚫고 들어간다는 가상적인 상황도 조금씩 언급되던데, 뚫고 들어가는 건 힘들겠죠?

K ― 네. 유로파에 생명 존재 가능성이 크다고 생각하니까 탐사를 해보고 싶은데 어려운 거죠. 얼음이 너무 두꺼우니까.

원 ― 타이탄에는 카시니-하위헌스 호가 내려갔었잖아요. 그런데 타이탄은 액체 물이 있는 환경은 아니라고.

K— 타이탄에는 액체 메탄이 있어요.

원— 얼마 전 엔셀라두스에서 물이 아주 높이 솟구치는 사진을 공개했죠? 얼음 밑에 생명이 있었다면 그 물고기들 다 밖으로 튕겨져 나와 얼음 밖에서 터져 죽었을 거예요.

K— 나사의 카시니 탐사선은 이렇게 솟구치는 수증기 기둥을 통과하면서 엔셀라두스의 물에 수소와 이산화탄소, 메탄, 암모니아 등이 포함되어 있다는 사실을 알아냈습니다. 지구의 생명체 중에서 수소와 이산화탄소를 이용하여 메탄을 만들어내는 생명체가 있거든요. 엔셀라두스에 생명체가 있다고 밝혀질 가

타이탄 타이탄Titan은 토성의 위성이다. 토성의 위성 중에서 가장 큰 천체로 태양계 내에서는 목성의 가니메데에 이어 두 번째로 크다. 짙은 대기를 가진 유일한 위성이며, 지구처럼 표면에 안정된 상태로 존재하는 액체(메탄)가 확인된 최초의 천체이다. 대기 구성이 원시지구와 유사하여 많은 관심을 받고 있다.

카시니-하위헌스 카시니-하위헌스Cassini-Huygens는 미국과 유럽의 공동 토성 탐사선이다. 카시니-하위헌스는 크게 나사의 카시니 궤도선과 ESA 하위헌스 탐사선(이탈리아 출신 프랑스 천문학자 조반니 도메니코 카시니와 네덜란드의 천문학자, 수학자, 물리학자 크리스티안 하위헌스의 이름을 딴 것이다) 둘로 나눌 수 있다. 카시니-하위헌스는 1997년 10월 15일 발사되었으며 2004년 7월 1일 토성 궤도에 진입하였다. 제트 추진 연구소 JPL에 의하면 하위헌스 탐사선은 2004년 12월 25일 UTC 2:00 무렵 모선에서 분리되어 2005년 1월 14일 타이탄의 대기권에 진입했다. 하위헌스는 타이탄의 표면에 착륙하기까지 타이탄의 자료를 지구로 보내왔다.

• 타이탄에는 액체 메탄의 흔적이 있다 •

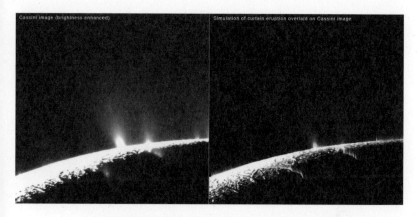

Cassini image (brightness enhanced)　　　　Simulation of curtain eruption overlaid on Cassini image

• '야! 멋진 물 분출이다' 싶지만 이 아래 생명들은 재앙을 맞았을지도 모른다 •

능성이 상당히 커졌다고 볼 수 있어요.

원— 언뜻 보기에는 '야, 멋진 물 분출이다'라고 할 테지만 물속에 살던 생명체에게는 아닌 밤중에 맞은 대재앙인 거죠.

최— 대재앙!

원— 네, 그렇습니다. 명복을 빕니다. 아무튼 이런 위성들에 생명 존재 가능성이 있습니다. 목성엔 거의 희박해요. 목성은 기체행성이니까.

K— 목성보다는 목성 위성이 훨씬 가능성이 높죠.

원— 목성은 육지가 없으니까요. 예전에 칼 세이건이 〈코스모스〉에 풍선처럼 떠다니는 생명체랑 그걸 잡아먹고 다니는 독수리 같은 생명체를 그린 적이 있거든요? 그 생명체는 수소를 먹나요? 거기는 수소(H), 헬륨(He)밖에 없잖아요.

K― 그러네요.

최― 제가 알기론 목성도 핵 부분으로 가면 단단한 부분이 있다고 하던걸요.

K― 네, 있어요.

최― 그럼 육지가 아예 없다고 표현하기에는 좀 무리가 있지 않나요?

원― 그런데 그 단단한 부분이 행성의 아주 깊숙한 부분이라서 지구의 육지 같은 그런 상태는 아니래요. 행성의 핵 근처에 수소, 헬륨의 밀도가 아주 높아서 단단한 거래요. 그래서 로켓이 착륙할 만한 조건은 아니라고 하더라고요. 오히려 해왕성, 천왕성은 약간 가능성이 있어요.

최― 아, 진짜요?

K― 금성보다 더 힘들 거예요.

칼 세이건 칼 에드워드 세이건Carl Edward Sagan은 미국의 천문학자이자 작가로 자연과학들을 대중화하는 데 힘쓴 과학 커뮤니케이터. 우주생물학의 선구자였고, 외계 지적 생명체 탐사 계획의 후원자였으며 나사의 자문위원으로도 활동했다. 생애 동안 세이건은 매리너 계획 참가, 하버드대학교 강사, 코넬대학교 교수, 파이어니어 계획 참가, 바이킹 계획 참가, 행성연구소 소장, 칼텍 초빙연구원 등의 다채로운 경력을 가졌다. 에미상과 피버디 상을 수상한 1980년의 텔레비전 다큐멘터리 시리즈 〈코스모스Cosmos: A Personal Voyage〉의 제작자이다. 〈코스모스〉는 다큐멘터리와 함께 책으로도 나왔다.

K2 – 유로파 하니까 갑자기 생각났는데, 송암 천문대에 '챌린 저 러닝센터'라는 곳이 있어요. 여기서 실제 있을 법한 우주 미션 스토리의 일부가 돼서 가상 체험을 하는 프로그램을 운영해 요. 그중에 유로파에 가서 그 얼음 층을 뚫고 내려가 생명체 존 재를 탐사하는 미션이 있어요. 그 탐사를 하다 보면 스윙바이 swing-by 효과를 이용해서 수성궤도를 거쳐 목성에 들어가야 하기 도 해요.

원 – 유로파에 가는 것부터 모두 포함한 미션이에요?

K2 – 네. 이 프로그램을 동시에 체험하려면 10명 가까이 되는 사람들이 자기 미션의 스페셜 리스트가 돼야 해요.

원 – 저는 배신자 할래요. 배신자. 범인.

최 – 나는 그럼 앤 해서웨이 할래요.

K – 〈2001: 스페이스 오디세이〉 영화의 마지막 부분에도 유로 파에 생명체가 있는 걸로 나와요.

원 – 그러고 보면 〈2001: 스페이스 오디세이〉는 1960년대 영화 인데, 아서 클라크의 혜안이 참 대단한 것 같아요.

K2 – 송암 천문대의 저 프로그램 되게 재밌습니다.

원 – 완전 허접하고 그런 거 아니죠?

K2 – 챌린저 폭발 사고 때 크리스타 맥컬리프라는 교사가 챌린 저 호에 탑승했었어요. 이 프로그램은 이 사고를 계기로 아이들 을 위한 우주교육을 하자는 취지로 만든 콘텐츠예요. 그래서인

지 체험하기에 아주 좋았던 것 같아요.

원— 궁금합니다. 그런데 한 가지 궁금한 게 유로파가 태양에서 굉장히 멀잖아요. 그럼 추운 게 당연할 테고, 표면도 다 얼음으로 덮여 있는데, 얼음 밑에 액체 물이 그렇게 많다면 열원이 있어야 하는 거 아닌가요?

K— 열원은 아마도 목성의 기조력일 거예요.

원— 목성의 중력 때문이다?

K— 네.

원— 목성의 중력이 크니까 유로파 안에 있는 물들이 흔들리고 마찰해서 녹는 것이군요.

K— 그렇죠. 유로파는 목성에 가까운 쪽과 먼 쪽 사이에 중력의 차이가 생겨서 약간 늘어나 있어요. 그 상태에서 유로파도 자전을 하니까 늘어난 쪽이 자꾸 변하는 거죠. 밀물 썰물이 생기듯이.

원— 그래서 액체 물이 존재하는군요!

K— 네. 목성의 기조력 때문에 이오에는 맨틀mantle 대류對流 같은 현상이 많이 일어나고, 그래서 화산이 많아요.

원— 그렇군요. 목성의 기조력 때문에 액체 물이 많고, 따라서 목성인은 없을지 몰라도 목성의 위성인衛星人은 존재할 수도 있겠습니다.

아름다운 고리의 실체 : 토성

원─ 자, 여섯 번째 행성 토성土星, Saturn입니다. 제가 소백산 천문대에서 망원경으로 토성을 봤어요. 너무너무 예쁜 거예요. 갈릴레이 같은 옛날 사람들이 봤으면 얼마나 좋아했을까 싶더라고요.

K─ 갈릴레이는 그게 띠인 줄 몰랐어요.

원─ 아, 그런가요?

K─ 약간 퍼져 있거든요. 갈릴레이 망원경은 별로 좋은 게 아니어서 몰랐다고 해요.

원─ 그림이 기억나네요. 고리가 아닌 다른 형태로 그렸더라고요. 토성은 태양계에서 두 번째로 큰 행성입니다. 지름이 12만 km니까 목성보다 조금 작아요. 역시나 태양에서 멀리 있기 때문에 공전주기는 29.5년으로 깁니다. 자전은 이제 계산할 수

cogniti a noi, ma da ogni noſtra immaginazione. Ma quella che
pone Apelle del moſtrarſi Saturno hora oblongo , & hor' ac-
compagnato con due ſtelle à i fianchi , creda pur V. S. ch'è ſta-
ta imperfezzione dello ſtrumento , ò dell'occhio del riguardan-
te, perche ſendo la figura di Saturno coſì ⊂◯◯⊃ ; come moſtra-
no alle perfette viſte i perfetti ſtrumenti , doue manca tal
perfezzione appariſce coſì ⊂◯⊃ non ſi diſtinguendo perfetta-
mente la ſeparazione , e figura delle tre ſtelle ; ma io che mil-
le volte in diuerſi tempi con eccellente ſtrumento l'hò riguar-
dato, poſſo aſſicurarla , che in eſſo non ſi è ſcorta mutazione
alcuna, e la ragione ſteſſa fondata ſopra l'eſperienze, che hauia-

Diuerſità nel veder Saturno cagionata da di eſſo

• 갈릴레이는 토성의 띠를 선명하게 보지 못해서, 토성의 실루엣을 납작하게 그렸다 •

있죠?

최 — 10시간?

원 — 비슷해요. 10시간 47분. 기체행성들의 일반적인 특성인가
봐요. 평균온도는 영하 130℃ 태양에서 머니까 낮아요. 최저
온도는 영하 191℃로 온도 차이가 크지 않은 편이에요. 목성과
비슷한 이유겠죠. 기본적으로 목성이랑 굉장히 닮았어요. 그런
데 왜 고리가 목성에는 없고 토성에는 있을까요? 우연인가요?

K — 목성에도 있죠.

원 — 큰 고리를 이야기한 거였어요.

K — 그건 우연이에요.

원 — 제가 고리 생성원리를 찾아봤는데, 로슈한계라는 게 있더
라고요. 로슈한계는 뭔가요? '로슈'라는 사람이 규정한 '한계'인
가요?

K — 네. 행성의 기조력 때문에 기조력이 강한 데는 세게 당기고
약한 데는 약하게 당길 거예요. 그래서 못 버티고 찢어지는 경

• 너무너무 예쁜 태양계 여섯 번째 행성, 토성 •

우가 생기죠.

원 ─ 큰 행성들에서 생기겠네요.

K ─ 한계 안으로 들어가면 어느 정도 크기 이상은 찢어져요.

원 ─ 찢어지고 부스러져서 고리를 만드는군요. 찢어지기 전에
는 위성처럼 컸었죠?

K ─ 원래 위성이었다가 깨진 건지 아니면 처음부터 덩어리로
뭉치질 못했는지는 사실 잘 몰라요. 어쨌든 그 안에서는 뭉쳐서

새로운 위성이 되지 못해요.

원— 그러면 위성은 무조건 이 고리 밖에 있는 거군요?

K— 위성은 밖에 있어야죠.

원— 목성도 이런 식으로 고리가 생겼을 법한데, 목성은 가운데로 들어간 큰 물체들이 없었나 보죠?

K— 목성은 토성에 비해서 규모가 작아요. 그래도 고리가 있긴 있어요.

원— 토성은 여러 조건 때문에 큰 고리가 생겼습니다. 토성에는 백반이라는 게 있더라고요. 대백반이라고 하던데, 풍속이 180km/h래요.

K— 여러모로 목성하고 비슷하죠. 고리 때문에 달라 보이는데 사실은 거의 비슷해요.

원— 그렇네요. 구성 성분은 대부분 수소와 헬륨. 생명 지표라고 부를 만한 게 거의 없을 거고요.

K— 토성 전체 밀도는 물보다 작아서 물에 떠요.

원— 그만큼 큰 물통을 준비하는 게 문제긴 하겠지만 말입니다. 목성보다 위성은 더 많죠?

K— 네. 60여 개.

원— 옛날에 배웠을 때는 목성은 11개고 토성은 9개로 배웠던 것 같은데, 그동안 50여 개가 발견되어 지금은 60여 개라고 합니다. 그런데 제가 토성 관련 뉴스를 보다가 재밌는 기사를 읽었어요. 토성에 레아라는 위성이 있어요. 나사가 보낸 탐사선 카시니가 2010년에 레아에서 산소를 발견했습니다. 카시니는 토성 탐사선이라고 아까 이야기했었죠? 카시니가 위성 레아의 고도 97km 상공의 대기에서 산소를 포착했다고 합니다. 그런데 되게 희박하대요. 얼마나 적냐면 대기의 1cm³당 500억 개의 산소 분자가 있습니다. 그런데 이게 희박한 건가요?

K— 원래 1기압에서 기체 분자 수는 아보가드로수Avogadro's number 로 세거든요? 아보가드로수는 6.02×10^{23}이에요. 그러니까 거기에 비하면 거의 없는 거나 마찬가지죠.

원— 10^{23}이면 10 뒤에 0이 23개. 500억은 5×10^{11}, 11개밖에 안 되네요.

K— 없는 거나 마찬가지예요.

원— 그러네요. 그래서 500억 개의 산소 분자와 200억 개의 이산화탄소 분자가 있다고 하는데 이 정도 양이 생명체의 증거가 되진 않지만, 어쨌든 허블이 간접적으로 측정한 적은 있었지만 실제로 산소가 외계에서 포착된 건 이게 처음이래요. 지구 주변은 아니더라도 다른 행성들에 산소가 얼마든지 있을 수 있다는 하나의 증거가 돼요. 레아에는 생명체가 없지만 산소를 마시는 생명체의 가능성을 조금 더 높여주는 탐사였다고 볼 수 있죠.

토성 탐사에 흥미로운 점이 또 하나 있습니다. 목성을 탐사하기 위해 갈릴레오 탐사선을 보냈어요. 그런데 2003년, 갈릴레

• 갈릴레오 호는 목성 탐사의 임무를 마치고 목성에 빠져 파괴됐다 •

오 탐사선이 수명을 다했어요. 그래서 탐사선을 목성에 빠뜨려서 파괴시켜버렸어요. 목성의 대기압이 크니까 가다가 터져버린 거죠. 마찬가지로 토성 탐사선 카시니도 마지막으로 토성을 22차례 근접비행하고 2017년 9월 15일에 토성으로 뛰어든대요. 탐사선을 부수지 않으면 그 주변 위성들을 오염시킬 수 있거든요.

K ─ 지구의 미생물이나 박테리아가 있을 수도 있으니까요.

원 ─ 우주에서 10년씩 있었는데 살아 있을 수 있나요?

K ─ 살아 있을 수도 있어요. 지구 박테리아들 중에서는 생명력이 강한 게 있으니까요.

최 ─ ISS 밖에도 박테리아들이 막 있다잖아요.

K ─ 묻어갔을 수도 있거든요. 우주로 나간 생명체들은 이제 살만한 곳을 찾겠죠. 그렇게 되면 지구 생명체가 오염시킬 수도 있으니까 그냥 없애버리는 거죠.

원 ─ 목성이나 토성 본체에는 생명이 없을 거라고 확신하는 이야기죠. 혹시라도 생명이 있는 곳에 박테리아가 퍼지면, 예를 들어 유로파의 얼음 밑에 들어가 아쿠아맨들을 다 죽일 수 있어

ISS 국제우주정거장國際宇宙停車場, International Space Station, ISS은 러시아와 미국을 비롯한 세계 각국이 참여하여 1998년에 건설이 시작된 다국적 우주정거장이다.

• 우주에 떠 있는 ISS 주변에도 지구 박테리아들이 살고 있다 •

요. 목성이나 토성같이 큰 행성들을 폭파용도로 쓰고 있다는 사
실이 매우 흥미롭습니다.

태양계의 끝인 줄 알았던
천왕성과 해왕성

원 — 이제 행성 두 개 남았는데요. 먼저 천왕성天王星, Uranus. 천왕성부터는 맨눈으로 보이지 않아요. 토성까지는 맨눈으로 보이잖아요. 천왕성은 보이지 않는 행성 중에 제일 먼저 발견했다고 하더라고요.

K — 허셜Herschel이라는 굉장히 유명한 천문학자가 발견했죠.

원 — 허셜은 예전에 몇 번 언급을 했었고 여동생 천문학자 이야기도 여러 번 이야기했습니다.

K — 캐롤라인 허셜Caroline Herschel이란 분이죠.

> **허셜** 프레드릭 윌리엄 허셜Frederick William Herschel은 독일에서 태어난 천문학자이고, 전문적인 기술자이며, 작곡가이다. 천왕성과 그 위성인 티타니아와 오베론을 발견했고, 후에 토성의 두 위성인 미마스와 엔셀라두스를 발견하는 등 천문학에서 수많은 업적들을 남겼다.

• 천왕성은 태양의 자전축에 누워서 마치 구르듯 태양을 돈다 •

원 – 네, 천왕성은 지름이 5만 1,000km로 지구의 4배쯤 됩니다. 공전주기는 더 길어져서 84년, 자전은 대략 17시간. 천왕성은 독특하게도 대부분의 행성들이 자전축이 공전축과 거의 직각을 이루는데, 천왕성의 자전축과 공전축은 98° 기울어져 있어요. 자전축이 누워 있지요. 마치 구르듯이 태양을 돌아요.

K – 금성도 그래요.

원 – 금성도 그런가요?

K – 금성이랑 천왕성이 거의 누워서 돌아서 자전 방향이 다른 행성과는 반대예요.

THE 20-FOOT TELESCOPE.
From a drawing made either at Datchet or at Clay Hall.

• 허셜은 저 망원경으로 천왕성을 발견했다 •

원 ― 자전축이 누워 있으면 극지방은 굉장히 오랫동안 낮이고, 반대편은 계속 밤이겠네요. 그런데 왜 이런 현상이 벌어지는 건가요?

K ― 정확하게는 모르는데, 충돌 때문에 쓰려졌을 가능성이 있어요.

원 ― 얼마나 센 게 충돌하면 이렇게 누워버리나요?

K ― 그것도 잘 몰라요. 그냥 가설이에요. 그런데 이 가설 말고는 딱히 설명할 게 없어요. 혼자 괜히 누웠을 리는 없거든요.

원 ― 천왕성은 기체행성인데 웬만한 게 부딪혀도 품을 것 같은

데요? 무척 강한 충돌이었나 봐요.

K — 네. 엄청 큰 충돌이 있었을 것 같아요.

K2 — 아까부터 궁금했던 건데, 기체행성의 자전주기는 어떻게 재나요? 위도에 따라 다를 것 같은데.

K — 실제로도 달라요. 평균값으로 계산해요. 태양도 달라요. 태양도 기체라서 적도 지방이랑 극지방이 자전 속도가 달라요.

원 — 참고로 기체행성은 단단한 지점이 없기 때문에 대류하는 기체들의 평균을 내서 자전 속도를 계산합니다. 천왕성은 청회색을 띠는데, 메탄 때문이래요. 액체 메탄이 행성의 표면을 이루고 있죠. 천왕성은 목성, 토성에 비해서 표면이라고 할 만한 부분이 있나 봐요. 청회색인 이유는 메탄이 빨간색을 흡수하기 때문이라면서요?

K — 하늘이 파랗게 보이는 것처럼 빛은 파장에 따라서 입자랑 부딪히면 산란되는 정도가 달라요. 파장이 짧으면 입자랑 잘 부딪히니까 산란이 잘되죠. 지구의 경우 빛이 오면서 작은 공기 입자에 파란색은 부딪혀서 흩어지고 빨간색은 통과해요. 파란색이 흩어지니까 하늘이 파랗게 보이는 거죠. 노을이 붉은 이유는 저녁에는 빛이 지구 대기를 길게 뚫고 들어와야 하고, 또 표면 근처에는 먼지도 많아서 대부분의 빛이 산란되고 빨간색만 산란이 안 돼서 붉은 거예요.

최 — 화성은 대기가 얇잖아요. 그래서 노을이 파란색으로 지더라고요.

원— 태양에서 먼 천왕성은 아주 차갑습니다. 평균온도가 영하 216℃, 최저 온도가 영하 224℃. 최고 온도와 최저 온도가 거의 비슷해요. 그런데 이 천왕성의 정말 신비한 점은 지구에 비해서 부피가 63배, 질량이 14배라서 밀도가 아주 낮다는 거예요. 천왕성이 지구보다 63배나 큰데 중력이 $8.69kg \cdot m/s^2$이래요. 그런데 지구가 $9.8kg \cdot m/s^2$이잖아요. 천왕성 표면에 설 순 없지만, 천왕성에 가면 체중이 가벼워져요. 그런데 질문! 질량이 크면 중력이 크고 그럼 당연히 우리 몸무게도 무거워져야 할 것 같은데 그렇지 않다. 이걸 어떻게 이해해야 되나요?

K— 흔히 말하는 중력가속도는 표면에서의 중력가속도를 뜻해요. 표면에서의 중력은 거리 제곱에 반비례하고 질량에 비례합니다. 질량이 커지면 중력이 커지고, 거리가 멀어지면 중력이 약해져요. 중력의 중심인 행성 한가운데를 기준으로 거리를 재죠. 지구 표면 중력이 천왕성 표면 중력보다 크지만, 지구의 중력이 천왕성의 중력보다 큰 건 아닙니다. 지구에서 천왕성 표면의 거리만큼 멀리 가면 당연히 중력이 약하죠. 당연히 천왕성 표면에서의 중력도 천왕성 중심에서 상당히 머니까 표면 중력이 지구 표면 중력보다 약하죠.

원— 그럼 만약에 천왕성이 지구 같은 물질로 되어 있다면 표면 중력이 훨씬 크겠네요. 무게도 무거울 거고. 밀도도 높을 거예요.

K ─ 천왕성 중심에서 표면까지의 거리만큼 지구 중심에서 올라가면 그 지점의 중력이 훨씬 낮겠죠.

원 ─ 그렇군요. 마찬가지로 목성도 지구보다 훨씬 크지만 표면 중력이 2.4배 큰데, 그것도 똑같은 이유겠죠?

K ─ 표면 중력이 2.4배고 전체 중력은 훨씬 크죠.

원 ─ 그러니 위성도 많은 거군요. 지구 중력이 크면 지구가 위성이 더 많을 거예요. 그렇죠? 혼동하지 않았으면 좋겠습니다. 천왕성도 위성이 20개나 있고 작은 고리도 있습니다. 그리고 여긴 밤에 온도가 더 높아요. 너무 멀어서 태양열은 별 도움이 안 되나 봐요.

최 ─ 그래도 낮이면 환하기는 한가요?

K ─ 거의 안 그럴걸요?

원 ─ 태양이 굉장히 작게 보이지 않을까요? 밤에 온도가 높은 이유는 수소 때문이에요. 천왕성에는 메탄 같은 다른 가스가 많이 섞여 있지만 그래도 수소가 80% 이상 차지하고 있어요. 수소 분자는 낮에 햇빛을 받아서 전자들이 들뜬 상태가 돼요. 이 들뜬 에너지가 밤에 다시 분자 상태로 떨어지는데 그때 열을 내요. 그래서 오히려 그 움직임 때문에 기온이 좀 더 높아진다고 해요.

여기서 또 퀴즈 하나 드릴게요. 아까 태양계에서 가장 물이 많은 천체는 유로파일 것이라 이야길 했는데, 그럼 태양계에서

• 바다의 왕 해왕성은 태양계에서 가장 푸른 천체이다 •

가장 푸른 천체는 뭘까요? 당연히 지구는 아닙니다. 바로 해왕성입니다. 태양계의 마지막 행성. 바다의 왕이라는 별명에 다 이유가 있어요. 해왕성은 새파란 색입니다. 아주 맑은 하늘색. 천왕성은 조금 회색빛이 도는데, 해왕성은 굉장히 맑은 하늘색이에요. 물론 맨눈으로 안 보여요.

K— 태양계 화보 같은 거 보면 해왕성이 아주 파랗죠.

원— 새파랗죠. 정말 예쁘더라고요. 이유는 천왕성과 같답니다. 메탄 같은 가스들이 붉은 색을 흡수해서 푸른색으로 보인대요. 해왕성은 수학적으로 추론된 최초의 행성이랍니다. 이 이야기는 해왕성은 관측 없이 계산으로 위치를 찾았다는 건가요?

K— 천왕성의 궤도가 예상과 달라서 천왕성 바깥에 어느 정도 위치에 어느 정도 질량의 천체가 있어야 천왕성 궤도가 저렇게

된다는 걸 수학적으로 먼저 계산했어요. 그리고 그 위치에 망원경을 겨냥해서 찾은 거예요.

원 ─ 와! 티티우스-보데의 법칙이 아니고요?

K ─ 그것도 계산할 때 고려를 했겠죠.

원 ─ 제가 괜히 한번 물어봤는데, 잘 안 맞았대요. 맞는 듯 했지만 우연이었고 정확하게 안 맞았다고 하더라고요.

K ─ 해왕성의 발견은 뉴턴역학의 승리를 보여주는 대표적인 예로, '과학이라면 눈에 보이지 않는 것도 예측을 해서 찾아내야 된다'를 보여줬어요. 점성술에서는 절대로 못 하는 일이지요.

원 ─ 해왕성은 파란색이라서 바다의 왕, 넵튠Neptune, 포세이돈Poseidon이라고 이름이 붙었어요. 포세이돈은 그리스, 넵튠은 로마식 이름입니다. 우리말로 해왕성이라 번역했어요. 해왕성의 공전주기는 태양에서 더 멀어져서 165년이고, 자전은 16시간 6분입니다. 엄청난 속도로 자전을 합니다. 크기는 지구의 3.9배 정도로 천왕성 보다 조금 작더라고요. 평균기온 영하 218℃. 위성은 약 10개 정도 있다는데 더 발견될 수 있을 것 같아요. 고리도 있습니다. 해왕성은 우리가 아직 아는 게 많이 없는 것 같아요.

K ─ 그렇죠. 보이저Voyager가 스쳐 지나갔고, 탐사도 이뤄지지 않았어요.

원 ─ 보이저 2호Voyager 2가 찍은 사진을 보면 파랗고 예쁜 행성이

· 30년 동안 태양계 밖으로 날아간 보이저 ·

돌아다니거든요. 보이저들은 주변을 스쳐 지나갔을 뿐 제대로 탐사가 이루어지진 않았답니다. 아무튼 지구보다 훨씬 파란 행성이라는 거.

그리고 불쌍한 명왕성은 이제 카이퍼 벨트 내에 속한 왜소행성이 되었습니다. 여기까지가 태양계의 수금지화목토천해, 8개 행성과 그 위성들입니다. 그런데 태양계가 여기서 끝나는 게 아니거든요. 정말 많은 분들이 여기서 끝나는 줄 압니다. 오르트 구름Oort cloud까지 포함한다면 거의 1광년이 더 있어요. 그 속에 신비한 것들이 많습니다. 카이퍼 벨트 다음에 오르트 구름, 그다음에 혜성. 그 너머로 가까운 마을들. 가기는 쉽지 않지만 자주 이야기하는 4.3광년 떨어져 있는 알파센타우리α-Centauri성. 한 10광년까지 커버하면 태양 주변 로컬지역은 이해할 수 있지 않을까 싶습니다.

K— 명왕성이 퇴출된 가장 결정적인 이유가 명왕성 밖에 명왕성보다 더 큰 천체가 발견이 됐기 때문입니다. 에리스Eris예요. 에리스는 그리스 신화에서 불의와 분란의 신입니다. 그리스 신화 중에 신들의 파티가 있었는데 에리스가 오면 분란이 생기니까 초대를 안 하는 거예요.

원— 트러블메이커군요.

K— 네. 그래서 화난 에리스가 몰래 황금 사과를 하나 주면서 '가장 아름다운 여신께 드립니다'라고 적어논 거예요. 싸움을 일으킨 거죠. 싸움이 가장 잘 일어나는 주제잖아요? 그래서 여신들 중에서 헤라, 아테네, 아프로디테 셋이 서로 자기 거라고 싸웠어요. 결판이 안 나니까 파리스라는 트로이의 왕자한테 가서 선택을 하게 했어요. 그러자 헤라는 '나를 선택하면 권력을 주겠다'라고 로비를 하고 아테네는 지혜의 신이니까 '지혜를 주겠다', 아프로디테는 미의 신이니까 '세상에서 가장 예쁜 여자를 아내로 주겠다'라고 파리스를 설득했죠. 파리스는 당연히 세번째를 선택했죠. 현명한 사람이면 지혜를 얻어서 돈도 벌고 여자도 얻겠지만 남자들은 그렇게 생각 안 해요. 그래서 가장 아름다운 여자 헬렌을 얻게 되죠. 그래서 트로이 전쟁이 일어났어요. 그 장면을 루벤스Rubens가 〈파리스의 심판The Judgement of Paris〉이라는 제목의 그림으로 잘 묘사했습니다. 어쨌든 에리스 때문

· 루벤스의 〈파리스의 심판〉 ·

에 분란이 생긴 거잖아요? 명왕성도 퇴출을 논의할 때 유럽과 미국이 분란이 생긴 거예요. 그걸 빗대서 에리스라고 이름을 붙였어요.

원— 정말 그래서 에리스가 된 거예요?

K— 네. 정말이에요.

최— 에리스란 이름을 붙여서 분란이 생긴 줄로만 알았어요. 이름은 함부로 짓는게 아니구나 하면서.

원— 명왕성은 비록 행성의 지위는 잃었지만 우리 마음속에 영원히 남아 있을 거고요. 대화의 소재로 끊임없이, 불쌍한 존재로 등장할 거라 생각됩니다.

넓고 넓은 태양계 원반의 끝

원— 명왕성이 왜소행성이 되면서 9개의 행성이 8개로 줄었습니다. 명왕성은 카이퍼 벨트라는 새로운 지역으로 편입됐어요. 그런데 '카이퍼 벨트'라는 이름이 좀 무시무시해요. 왠지 어려워 보이고요.

K— 카이퍼 벨트 자체는 꽤 오래된 개념이에요. 명왕성 바깥쪽에 천체들이 많이 모여 있을 것이다라는 생각이죠. 태양계가 만들어질 때 태양계 바깥쪽 원반에 잔해가 남아 있다고 추측했거든요. 그런데 재미있는 건 미국의 천문학자 제러드 카이퍼Gerard Kuiper라는 분이 1951년에 제안을 했는데, 카이퍼는 카이퍼 벨트가 태양 생성 초기에 있었다가 지금은 행성 중력 같은 힘에 의해 다 튕겨져 나가고 없어졌을 거라고 예측한 거예요. 카이퍼의 주장이 맞았으면 카이퍼 벨트는 없어야 해요. 그런데 자기 이론

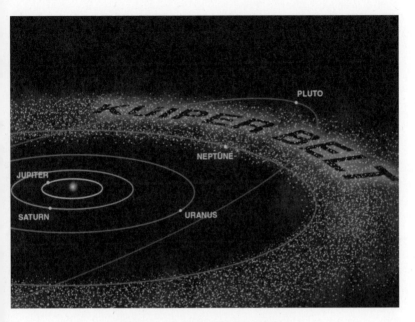

• 명왕성은 행성의 지위를 잃고 카이퍼 벨트로 편입되었다 •

이 틀렸기 때문에 카이퍼 벨트라는 이름이 남은 거죠.

원— 진짜 좀 묘한 이야기인데요?

K— 그래서 사람들 중에는 이름을 잘못 붙였다, 카이퍼 벨트라고 부르면 안 된다고 주장을 하죠.

원— 미국에서는 카이퍼 벨트라고 하는데 유럽에서는 1949년에 아일랜드 천문학자 에지워스Edgeworth가 비슷한 이야기를 했다고 해서 에지워스-카이퍼 벨트라고 하더라고요.

K— 카이퍼 이후의 이론들은 천체들이 많이 있을 거라고 예측

• 아이러니하게도 카이퍼는 자신의 이론이 틀렸기 때문에 이름이 남게 됐다 •

했어요. 1992년부터 발견되기 시작했습니다. 1,000개 가까이 발견이 되었는데, 그러다 보니 명왕성이 카이퍼 벨트에 있는 천체들과 특징이 비슷한 거예요. 그래서 명왕성을 카이퍼 벨트에 속해있는 천체라고 이야기하게 된 거죠.

원 ― 명왕성보다 조금 더 큰 에리스도 발견되었고요.

K ― 요즘에는 구분을 하는데, 옛날에는 카이퍼 벨트로 뭉뚱그려서 이야기했어요. 카이퍼 벨트 약간 바깥쪽에 산란원반이 있어요. 에리스는 엄밀하게 말해 카이퍼 벨트에 있는 게 아니라

산란원반에 포함된 천체예요.

원 ─ 카이퍼 벨트, 산란원반, 오르트 구름은 거리로 구분하나
요?

K ─ 왜 그렇게 구분을 했냐면 카이퍼 벨트에서 오는 혜성이 있
다고 생각을 했거든요. 그런데 카이퍼 벨트는 태양 중력이 강
하게 미쳐서 굉장히 안정적이에요. 그래서 혜성이 오기가 힘들
죠. 더 바깥쪽에 좀 더 불안정한 지역이 있을 거라고 의심했어
요. 그 불안정한 지역을 구별을 해서 부르게 된 거죠.

원 ─ 혜성 이야기를 좀 더 해봅시다. 카이퍼 벨트 혹은 산란원
반에서 오는 혜성과 저 멀리서 오는 혜성이 있대요. 이쪽에서
가까이에서 오는 혜성들은 빨리 왔다가 가는, 이를 단주기 혜성
이라고 하죠?

K ─ 그렇죠. 200년 이내는 단주기 혜성이에요.

원 ─ 몇십 년 주기도 있겠네요? 그런데 벨트라는 이름에 걸맞게
태양을 중심으로 8개의 행성, 소행성들이 하나의 원반에 쫙 모
여 있잖아요. 사방팔방으로 각이 비뚤어져 있지 않고요.

K ─ 그렇죠.

산란원반 산란원반散亂圓盤, scattered disk은 태양계에서 해왕성 바깥 천체가
분포하는 영역 중의 하나이다. 카이퍼 벨트에 속했던 천체들이 주로 해
왕성의 중력으로 인하여 궤도 경사와 이심률이 큰 궤도로 산란된 것으
로 보인다.

원— 왜 그런지 생각해보면 이해하기 쉽지 않아요. 심지어 카이퍼 벨트랑 산란원반도 태양의 적도 중에 평면으로 쫙 모인 거잖아요.

K— 같은 평면에 있어요.

원— 왜 그런 거죠?

K— 별이 만들어질 때 구형에서 시작해요. 그러다 회전을 하면 납작하게 옆으로 퍼져요. 피자 도우 만들 때 보면 빙글빙글 돌리면 납작하게 퍼지잖아요. 원심력 때문이거든요. 별이 만들어질 때 보통 이 시스템으로 만들어집니다. 그래서 다른 별에도 카이퍼 벨트와 비슷한 벨트 형태가 많이 발견됐어요.

원— 모항성恒星의 적도 방향으로 돌고 있겠죠. 모항성의 회전력으로 항성계 전체가 만들어진다는 것이 신기합니다. 아무튼 카이퍼 벨트가 얼마나 큰 거예요?

K— 200AU 정도예요.

원— AU는 지구-태양거리이죠? 1억 5,000만 km.

K— 네. 넓게 보면 200AU 정도까지 봐요.

원— 해왕성까지 30AU인데 200AU까지면 6배나 더 넓다는 거네요?

K— 그렇죠. 카이퍼 벨트는 소행성대랑 비슷해요. 훨씬 범위가 큰 거죠.

원— 그럼 태양계 입장에서 행성은 하나 없어졌어도 범위로 보면 엄청나게 넓어졌네요! 제가 재미있는 뉴스를 하나 봤는데, 해왕성·명왕성 바깥에 최소 2개의 행성이 더 있을 거라고 이야기를 하더라고요. 만약 그렇다면 카이퍼 벨트나 산란원반에 있다는 거겠죠?

K— 그렇죠.

원— 행성으로 이야기한다면 명왕성은 행성에서 탈락됐으니까 명왕성보다 훨씬 큰, 해왕성스러운 뭔가가 있다는 거고요.

K— 아마 뉴스에서도 행성이 아니라 큰 천체가 있다고 말했을 거예요. 왜냐하면 카이퍼 벨트 궤도를 분석해보니까 자기들끼리 있다면 설명이 안 되는 그런 궤도를 가진 천체들이 있는 거죠. 그래서 행성을 몇 개 집어넣으니까 잘 설명이 되더란 거예요. 모형으로 볼 때 설명이 된다는 거지 아직 있다고 말할 순 없어요.

원— 그런데 그런 식으로 행성을 찾아왔잖아요.

K— 그렇죠. 행성이라고 표현했다면 큰 천체가 있어야 해요.

원— 아니면 왜소행성일 수도 있나요?

K— 에리스 정도의 천체는 있으니까 그보다 훨씬 커야 뭔가 뉴스가 될 거예요.

최— 행성이라면 동그란 뭔가가 있다는 거예요?

K— 그렇죠. 그런데 사실 행성일리는 없어요. 행성의 정의는 자기 궤도 주변의 것을 모두 휩쓸어야 되거든요? 그런데 벨트

안에 있다면 행성이라고 정의할 수 없죠.

원─ 어쨌든 꽤나 큰 천체가 두어 개 있을 수 있답니다. 우리 다음 세대의 교과서에는 그게 나올 수도 있겠네요? 행성이라는 이름을 달지는 모르겠지만.

K─ 만일 그게 진짜로 커서 해왕성만 하다면 행성의 정의를 다시 수정해야 될 거예요.

원─ 그렇군요. 그러면 카이퍼 벨트가 태양계의 끝일까요? 태양권이라는 것도 있다면서요? 태양권계면 이런 것도 있다는데, 태양계의 끝이라는 이야기예요?

K─ 태양권은 카이퍼 벨트 범위에 있어요. 그런데 태양권계면은 중력으로 정의를 하는 게 아니고 태양에서 나오는 입자가 퍼지는 범위로 정의해요. 태양의 중력은 이론적으로 약해지더라도 무한대까지 가거든요. 따라서 태양에서 나오는 입자와 다른 별에서 나오는 입자들이 구별되지 않는 수준까지를 태양권이라 보는 거죠.

원─ 태양에서 나오는 입자라면 태양풍 이런 건가요?

태양권 태양권Heliosphere 은 태양풍에 의해 형성된 성간매질 내부의 거품 같은 것이다. 태양에서 방출된 물질로 구성되어 있으며 태양의 뒤편으로 혜성과 같은 꼬리를 형성하는데 이러한 흐름 영역은 헬리오시스라고 부른다. 헬리오시스의 바깥면, 즉 태양권이 성간매질과 접하는 부분은 태양권계면이라고 한다.

K — 네, 태양풍. 태양풍은 물질이에요. <u>플라스마</u> 입자.

원 — 지구에서 보이기도 하거든요.

K — 태양에서 멀어질수록 태양풍은 점점 약해지는데, 다른 우주공간에서 입자들이 날아오거든요? 이 입자들을 태양에서 나오는 태양풍이 막아서 밀쳐내요. 그래서 태양 주변에 거품처럼 굴이 생기는데, 태양풍이 날아가다가 다른 입자랑 부딪혀서 속도가 거의 0이 되는 그 지점까지를 태양권이라고 볼 수 있죠.

원 — 눈에 보이지 않더라도 자연스럽게 경계선 같은 게 형성되겠군요.

K — 네. 보이저Voyager가 태양계를 벗어났다는 것은 그 지점을 벗어난 거예요.

원 — 말단 충격, 이런 말도 있더라고요. 무슨 충격이 어디서 온다는 말인가요?

K — 그 개념을 말하는 거예요. 입자들이 날아가는 건 진동이 이동하는 건데, 이 속도를 음속sound speed이라고 해요. 우주에서의 음속은 입자 진동의 파동이거든요. 음속보다 빠르게 날아가다가 입자의 속도가 갑자기 느려져요.

> **플라스마** 플라스마plasma는 원자핵과 전자가 서로 분리된 이온화된 기체를 말한다. 자유전하로 인해 플라스마는 높은 전기전도도를 가지며 전자기장에 대한 매우 큰 반응성을 갖는다. 우주에 존재하는 물질의 99%가 플라스마로 이루어져 있다.

원― 이 지점에서 충격을 받아서군요?

K― 충격처럼 느껴져서 '말단 충격'이라고 이야기하죠.

최― 그러면 그 충격 지점 근처에 태양만큼 영향을 미치는 가까운 별이 있다는 거예요?

K― 아니에요. 그건 아니고 태양 입자들도 날아가는 거죠. 우주공간에는 입자들이 많이 돌아다녀요. 말 그대로 성간星間 입자들인 거죠. 어쨌든 태양계의 끝은 이렇게 정의해요.

원― 보이저 호가 태양계를 벗어났다는 말은 태양권을 벗어났다는 것으로 이해하면 된답니다. 이제 오르트 구름 이야기를 좀 해보지요. 오르트 구름도 태양계랑 관련 있죠?

K― 그렇죠. 태양의 중력권 안에 있어요.

원― 진짜 구름은 아닐 테고, 구름처럼 퍼져 있는 뭔가라는 건가요?

K― 카이퍼 벨트랑 비슷한 얼음덩어리들이에요.

원― 제가 기억하기로 카이퍼 벨트와 다른 점은 카이퍼 벨트는 원반처럼 퍼져 있는데, 이건 동그란 구형으로 태양계 원반의 위

오르트 구름 오르트 구름Oort cloud은 태양으로부터 5만 AU, 약 1광년 떨어진 곳에 구형으로 분포하고 있을 것으로 예상되는 혜성의 구름이다. 이곳은 태양계 밖의 가장 가까운 별인 알파센타우리별까지 거리의 4분의 1에 해당한다. 주기가 수천 년인 장주기 혜성들은 오르트 구름에서 온 것으로 여겨지고 있다.

• 태양계는 거대한 오르트 구름에 둘러싸여 있다 •

에도 있고 밑에도 있대요. 그런데 오르트 구름은 왜 아무 데나
퍼져 있을까요?

K ― 아주 좋은 질문이에요. 처음 만들어질 때는 오르트 구름도
원반에서 만들어졌어요. 그런데 멀리 떨어져 있어서 태양 중력

이 약하니까 다른 별의 영향도 받아요. 태양은 성단 내에서 만들어지는데, 처음 생겼을 때는 다른 별들이 가까이 있어서 다른 별들의 영향을 받아 퍼진 거예요.

원— 조금씩, 조금씩 퍼지는군요.

K— 원반의 끝부분은 태양이 세게 못 당기니까 옆에 있는 애들이 막 건드려서 흩어지는 거죠. 그래서 둥글게 퍼진 거예요.

원— 그러니까 중력권에 살짝 얽혀 있긴 하지만 실제로 강하게 잡고 있진 못해서 튕겨서 막 퍼지는 거군요.

최— 피자도 끝부분은 통통하잖아요.

K— 맞아요. 아주 좋은 예시예요.

원— 이 그림을 보면 오르트 구름이 구형으로 태양계를 둘러싸고 있는데, 크기를 봤더니 거의 1광년 정도의 부피라고 하더라고요. 그러면 태양계가 만들어질 때부터 영역이 이렇게 컸던 건가요?

K— 그렇죠. 거기까지 태양 중력에 미치니까요.

원— 그러면 그 속에 이 돌멩이 같은 것도 굉장히 많겠네요?

K— 많죠. 그래서 카이퍼 벨트보다 오르트 구름을 이론상 먼저 예측했어요. 얀 헨드릭 오르트Jan Hendrik Oort가 카이퍼보다 더 옛날 사람이거든요. 오르트는 혜성이 평평하게 오지 않는, 혜성

성단　성단星團 star cluster은 중력으로 뭉쳐 있는 별들의 무리이다.

의 궤도가 평면이 아닌 것으로 오르트 구름을 예측했어요. 이건 카이퍼 벨트로 설명이 안 되거든요. 혜성이 원반에서 오지 않고, 위아래로 막 날아다니니까 뭔가 둥글게 둘러싸고 있을 거라고 추측한 거예요.

원 — 그렇게 해서 이게 추론이 된 거군요.

K — 네. 단주기 혜성의 궤도는 대부분 평평해요.

원 — 주기가 200년 이하의 단주기 혜성들.

K — 네. 카이퍼 벨트나 산란원반에서 오니까 거의 평평한데 오르트 구름에서 오는 장주기 혜성들은 아무 데서나 막 날아와요.

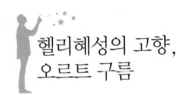

헬리혜성의 고향,
오르트 구름

최 — 2015년 1월에 지나간 러브조이혜성Lovejoy comet의 주기가 8,000년이라던데 그러면 그것도 거기에서 온 거예요?

K — 네, 오르트 구름에서 온 거예요. 러브조이혜성도 재미있는 게 8,000년 만에 왔다는데 사실은 그보다 더 오래 지나서 왔어요. 러브조이혜성이 행성권으로 들어오기 전에는 주기가 1만 1,000년이었어요. 그러다가 행성이 많은 태양계 가까이에 들어오면서 궤도가 변해서 8,000년 주기로 바뀌었어요.

원 — 그러면 나중에 또 어떻게 바뀔지 모르겠네요?

K — 그렇죠. 그런데 태양계 밖으로 나가면 궤도에 영향을 줄 정도의 천체는 없으니까 아마 8,000년 뒤에 올 거예요. 다시 올 때는 또 가까워지니까 주기가 바뀔 수 있어요. 그렇게 주기가 바뀐 대표적인 혜성이 헬리혜성Halley's comet이에요. 헬리혜성은

· 8,000년 만에 지구를 지나간 러브조이혜성 ·

단주기 혜성이거든요. 주기가 76년이에요. 그런데 헬리혜성은
카이퍼 벨트에서 온 게 아니에요. 오르트 구름에서 왔다가 행성
의 중력에 잡혀서 단주기로 바뀐 거죠.

최 — 숫자 '6'처럼 주기가 바뀐 거군요?

K — 태양과 지구 사이의 중력권에 붙잡혀서 주기가 바뀐 거죠.

원 — 흥미롭네요. 장주기 혜성으로 태어났다가 단주기 혜성이
되었다.

K — 그렇게 만들어진 단주기 혜성들이 몇몇 있어요.

원 — 장주기 혜성 중에서 제가 기억하는 것 하나가 1995년에 왔

• 원래 장주기 혜성이었던 헬리혜성은 지구 중력에 붙잡혀 단주기 혜성이 됐다 •

던 주기가 3,000년인 헤일-밥혜성Hale-Bopp comet이에요. 이것도 오르트 구름에서 왔겠죠?

K— 몇천 년 되는 건 다 오르트 구름에서 왔어요.

원— 그런데 3,000년 전에 왔다는 걸 기록으로 알 수 없는데 어떻게 주기를 알 수 있나요?

K— 궤도를 보는 거죠.

원— 궤도와 속도를 가지고 유추를 하는 거군요?

K— 그렇죠. 계산하면 정확하게 나와요.

K2— 그런데 혜성 이름은 주로 발견한 사람 이름이잖아요? 사

람 이름이 러브조이예요?

K— 네, 테리 러브조이.

원— 인류학자 중에도 러브조이가 있어요. 아무튼 러브조이혜
성은 장주기 혜성이고 오르트 구름에서 옵니다. 그런데 오르트
구름은 무척 멀리 있는데, 관측을 한 적이 있나요?

K— 아니요. 관측한 적은 없어요.

원— 한 번도 본 적이 없어요?

K— 한 번도 본 적이 없어요. 사실 볼 수가 없어요.

원— 아, 그럼 이론으로만?

K— 네, 왜냐하면 혜성이 계속 오잖아요. 옛날부터 왔을 거 아
니에요. 그런 혜성 수를 따져보니까 도저히 원래 궤도를 돌던
혜성으로 관측이 안 되는 거죠, 주기도 몇천 년으로 길고요. 어
딘가에 혜성 공급원이 있어야 해요.

최— 그런데 여긴 가까운데 왜 관측을 안 했어요? 빛이 없어서
그런가요?

K— 오르트 구름 영역은 넓은데, 오르트 구름 영역 안의 천체

테리 러브조이 테리 러브조이Terry Lovejoy 호주 퀸즐랜드의 정보기술자
이자 아마추어 천문학자이다. 그는 러브조이혜성Lovejoy comet(공식 명칭:
C/2011 W3)을 포함한 6개의 혜성을 발견했다. 러브조이는 일반 디지털
카메라를 천체 사진 촬영에 사용할 수 있도록 개조하는 절차를 대중화
한 것으로 유명하다.

들은 아주 작아서 볼 게 없죠. 소행성대나 카이퍼 벨트, 오르트 구름의 천체들은 사실 전혀 보이지 않을 정도로 멀리 떨어져 있어요.

K2 — 1광년 떨어진 동그란 구 위에 아무리 많이 있어봤자 서로 엄청 멀리 떨어져 있겠죠.

원 — 100만 개 있어본들 그렇겠죠? 오르트 구름이 끝나는 시점도 있을 텐데, 거기까지를 태양계라고 볼 수도 있는 건가요?

K — 오르트 구름까지를 태양계라고 말하기도 해요.

원 — 태양계의 끝을 태양권계면으로 구분하기도 하는데, 뭐가 다른가요?

K — 태양권계면이 태양계의 끝이라면 보이저가 태양계를 벗어나는데 몇십 년만 가면 되는데, 오르트 구름이 끝이라고 한다면 끝까지 가려면 앞으로 몇만 년을 더 날아가야 해요.

원 — 오르트 구름까지 대충 1광년인데, 보이저가 17광시光時만큼 갔지요?

K — 17광시보다 조금 못 갔어요. 오르트 구름까지 가려면 보이저가 1만 5,000년 정도 더 가야 해요.

원 — 우리는 보이저가 30여 년 간 것에 고무되어 있잖아요. '우리가 이렇게나 멀리 갔군!'이라면서요. 그런데 따지고 보면 출발도 안 했어요.

K — 보이저가 인터스텔라 여행을 하고 있다고 하는데, 아직 오

르트 구름 근처에도 못 갔어요. 전에는 별 고민 없이 '오르트 구름이 태양계의 경계다'라고 이야기했거든요? 그런데 그렇게 하면 도저히 태양계의 경계까지 갈 수가 없거든요. 그래서 입자 몇 개 줄어든 걸 태양계 끝으로 하자는 거죠.

원— 네, 어쨌든 〈과학하고 앉아있네〉에서는 공식적으로 태양 권계면이 태양계의 끝으로 이야기 하겠습니다. 오르트 구름은 좀 큰 덤.

최— 원래 피자 먹을 때 끝부분은 안 먹는 거예요.

원— 그런데 끝부분이 압도적으로 커요. 토핑보다 빵이 몇 배예요. 17광시 vs 1광년.

최— 근데 그러면 만약에 오르트 구름 바깥에 폐전자레인지를 내다 버리면 그건 태양 주위를 안 도는 거예요?

K— 돌게 하려면 초기 조건을 줘야 할 거 같은데요. 밖으로 밀면 나가고, 안으로 집어넣으면 끌려 들어오고.

원— 적당한 속도로 회전을 시킨 상태에서 넣을 수도 있고 그렇겠네요.

K— 네.

원— 나중에 기회 있으면 한번 시도해보세요.

최— 저희 집은 전자레인지는 아직 버릴 때가 안 됐어요.

K— 우주선 타고 한 1만 5,000년 날아가면 낡을 거예요.

원— 1만 5,000년 날아가는 것도 힘들지만, 우리는 우주선 탈

자격도 없잖아요?

K— 최 팀장님은 안 돼요. 키가 너무 커서 우주비행사가 되기 힘들어요.

최— 맹장수술도 했어요.

원— 맹장수술은 괜찮대요. 찾아봤어요. 죽기 전에 기회가 생길까 해서 찾아봤는데 괜찮대요. 맹장수술, 디스크수술 해도 됩니다. 그런데 제가 또 궁금한 거는 오르트 구름까지는 막 물체들이 떠 있다가 끝나면 그 바깥은 아무것도 없는 거예요?

K— 그렇죠. 다른 별까지 아무것도 없어요.

원— 수소 원자나 그런 거는 있겠고요.

K— 네. 성간입자들이 있긴 있죠. 말 그대로 입자 수준으로만 있거나, 몇 m²당 수소 원자 한두 개 정도로 밀도가 아주 낮아요.

원— 그 상태로 다음 태양, 다음 항성계가 있는 데까지는 계속 허공 상태인 거죠?

K— 그렇죠. 허공 상태죠.

원— 그래도 오르트 구름까지는 물체들을 보며 이야기할 수 있겠지만, 그 밖으로 나가면 진짜 막막한 망망대해, 그야말로 무無의 세상. 그런 곳이 펼쳐지는군요.

최— 이런 이야기를 들을 때마다 우주는 참 이상한 거 같아요.

원— 오르트 구름까지가 정상적인 우주인 것 같고 그 밖의 우주는 좀 이상하게 느껴져요. 너무 크고 너무 많아요. 옛날 그리스 사람이 이렇게 생각했겠죠? 대충 커봤자 행성, 카이퍼 벨트, 크게 봐줘서 1광년. 거기에 오르트 구름. 그게 전부였을 거 같아요. 그런데 훨씬 크잖아요. 오히려 이상한 의심이 드는 거예요. '이건 다 잘못된 시뮬레이션이다, 너무 큰 것 아니냐'라는 생각이 들기도 해요.

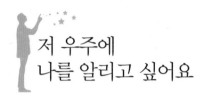

저 우주에
나를 알리고 싶어요

원— 인류의 우주 탐사는 크게 두 갈래로 나눌 수 있어요. 태양계 내에서 하는 탐사, 태양계 내에 있는 위성이나 행성, 왜소행성 탐사. 무인탐사선체로 태양계 바깥으로 나가보는, 태양권계면 탐사로 나뉘지요. K2박사님, 우리가 우주 탐사를 생각보다 되게 많이 해왔던 거 같더라고요. 특히 무인 우주선은 우리가 아는 것보다 훨씬 많이 갔습니다. 달, 화성에는 진짜 많이 갔어요.

K2— 네. 나사의 자료들을 보면 여러 행성들에 가서 미션도 수행하고, 실패도 하고 했지요. 거의 수백 번 시도를 했더라고요.

원— 우리는 사실 유명한 것 말고는 잘 모르잖아요. 바이킹 호, 보이저, 아폴로 계획까지 10개 정도 떠올리는데, 실제로 200개가 넘는다면서요?

K2— 러시아와 미국 중심으로 진행되긴 했지만, 미션들이 서로

엮이고 엮여서 엄청나게 많더라고요. 좀 찾아봤습니다. 구글에 space technology라고 검색해봤어요. 천문학에서는 빛을 관찰해서 이론을 만들잖아요. K박사님이 말씀하신 오르트 구름도 예측이고요. 과학자들은 탐구 정신이 너무 투철해서 공학자들한테 직접 가보자고 자꾸 주문해요.

원— 오르트 구름도 있는지 없는지 정확히 모르잖아요.

K2— 그래서 공학자들이 우주로 탐사선을 보내요. 우주 공학 기술을 몇 개의 분야로 나누는데 그중 하나가 발사체 분야Space-flight Technology예요. 우리가 우주에서 우주선을 만들 순 없으니까 지구에서 만들어 쏴 올리잖아요? 이 발사체 관련 분야에서 중요한 기술 중의 하나가 제가 공부했던 열차폐 기술입니다. 또 이와 관련해서 에어 브레이크air brake라는 기술도 있지요. 인공물을 금성 같은 특정한 행성에 가져다 놓고 미션을 수행하게 하는데, 인공물을 보낼 때 속도가 너무 빠르면 행성 중력에 끌려 들어가거나 부딪혀요. 대기가 있는 행성이라면 대기 근접지역

아폴로 계획 아폴로 계획Project Apollo은 1961년부터 1972년까지 나사에 의해 이루어진 일련의 유인 우주 비행 탐사 계획이다. 아폴로 계획의 목표는 1960년대 존 F. 케네디 대통령의 연설에서 언급되었던 "인간을 달에 착륙시킨 후 무사히 지구로 귀환시키는" 것이었다. 이 목표는 1969년 아폴로 11호에 의해 달성되었다. 그 뒤로 아폴로 계획은 1970년대 초반까지 여섯 차례의 성공적인 달 착륙으로 이어졌다.

으로 들어갔을 때 대기와의 마찰로 속도를 줄여야 하거든요. 이 기술을 에어 브레이크라고 해요. 되게 중요한 기술이죠.

원— 그때도 열차폐가 중요할 거 같은데요.

K2— 네, 열차폐는 정말 중요해요. 속도를 줄일 때 역추진을 쓰면 연료가 많이 필요해서 발사체가 커야 하고, 연료도 낭비되죠. 또 발사체 분야의 다른 기술로 요즘에 스페이스X에서 추진하는 재활용 로켓 분야도 있어요.

원— 처음엔 실패했죠.

K2— 이제 우주 탐사 분야는 정부에서 큰돈을 쏟아부어서 경쟁하는 시대가 지났어요. 그러다 보니까 경제성이라는 걸 계속 생각하게 됐고, 그래서 로켓의 재사용을 연구하게 됐어요. 그런데 재사용 로켓 같은 기술은 수많은 과학자와 공학자들이 대규모 팀을 꾸려서 많은 돈을 들여야만 연구할 수 있어요.

발사체 분야 다음이 위성satellite 분야입니다. 우주공간에 나가면 태양의 중력과 태양풍의 영향을 받아요. 우주로 나간 위성에 사용되는 기술은 위성의 몸체를 만드는 위성 구조 시스템, 지구에서 보내는 신호를 받는 통신 기술, 우주에서 스스로 동력을 얻는 동력 시스템, 열 제어 기술, 자세 제어 등으로 크게 나뉘어요. 이런 여러 서브시스템이 잘 작동하도록 제어하는 기술도 위성 분야에 포함돼요. 여기서 말하는 위성이란 인공위성을 말합니다. 행성을 돌고 있는 것만 인공위성이라 하지 않아요. 보이저처럼 발사체 부분에 실려서 우주에 나가 계속 바깥으로 가는 것도 위성이에요. 우주 밖으로 나갔으면 이제 행성에 착륙하고 싶겠죠. 그래서 로켓 분야도 함께 연구합니다.

원— 화성 탐사선 큐리오시티가 대표적이죠.

K2— 큐리오시티의 흥미로운 점은 핵연료 비슷한 게 들어가 있는 점이에요. 플루톤238이라는 방사선동위원소가 들어 있는데, 비핵분열 동위원소류래요. 여기서 나오는 열을 찔끔찔끔 받아서 전기로 바꿔요.

원— 아, 원자로를 쓰는 핵분열이 아니군요?

K2— 동위원소계열을 쓰는 핵분열은 원자로가 필요하고, 발사 도중에 폭발해서 인근 마을에 떨어지면 큰일나겠죠. 우주 탐사에 핵분열 연료를 쓰려고 몇 번 시도를 했다가 못 썼다고 하더라고요. 이 경우는 비핵분열 동위원소를 써요. 물리학자분들에게 물어보면 더 잘 알겠지만, 자연발생적으로 열이 조금씩 발생한대요. 어쨌든 이렇게 동력을 얻는 답니다. 큐리오시티에는 발열이 되는 부분도 있고, 바깥 온도가 영하 127℃에서 영상 40℃까지 왔다 갔다 하기 때문에 열을 떼서 주는 기술들이 쓰여요. 또 컴퓨터는 방사능radiation에 강한 메모리 같은 기술을 썼다더라고요. 재미있었던 것 중 하나는 큐리오시티 등짝에 실리콘silicon판이 하나 붙어 있대요.

원— 실리콘판이요?

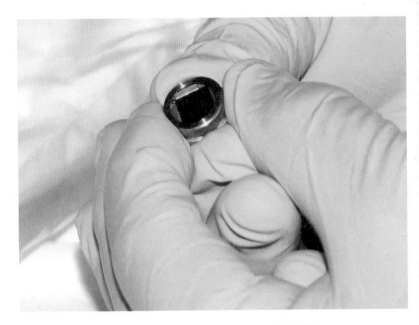

· 큐리오시티에는 수백만 명의 이름이 적힌 실리콘판이 붙어 있다 ·

K2 — 거기에 나노nano(10^{-9}mm)만 한 크기의 글씨로 260만 명의 사람 이름을 적었다고 하더라고요.

원 — 그 사람들은 뭐예요?

K2 — 이벤트를 한 거 같아요. 미국 사람들 그런 거 좋아하잖아요. 화성에 내 이름을 보내고 싶은 사람들에게 후원을 받지 않았을까.

원 — 나사도 비슷한 거 하잖아요.

최 — DNA를 보낸다고 하죠?

원— 나사 홈페이지에 갔더니 화성에 보낼 탐사선에 DNA를 실어 보낼 거래요.

최— 아무것도 아닌데 되게 싣고 싶은 거 있죠.

K2— 어쨌든 우주 탐사 공학에는 발사체 기술과 위성 기술, 행성에 착륙해서 조사 탐사할 수 있는 로봇과 관련된 탐사 기술로 크게 나뉘어요. 나중에 기회가 되면 항공우주연구원이나 달착륙선 연구하시는 분에게 자세한 이야기를 들어보면 재밌을 것 같아요.

원— 제가 태양계 탐사 지도 같은 걸 본 적이 있는데요, 물론 궤도만 돌고 온 것이 굉장히 많겠지만 달은 70번은 넘게 갔고, 금성이나 화성에는 40번씩 갔더라고요. 저렇게 많이 보낼 만큼 돈이 많나 하는 생각도 했어요. 미국 아니면 유럽, 아니면 소련에서 쐈겠죠? 그런데 우리는 아직 한 번도 못 갔군요. 얼마 전에 <u>하야부사</u> 2호 이야기도 했었죠?

K— 네.

원— 일본도 1호는 갔다 오기까지 했어요. 저희가 일본 출장 갔

하야부사 하야부사Hayabusa(공식 명칭: MUSES–C)는 일본 최초의 소행성 탐사선으로, 일본어로 매를 의미한다. 2003년에 발사해 샘플을 채취하고 2010년 6월 14일 60억 km를 비행한 후 귀환했다. 하야부사 2호는 2014년 12월에 발사되어 소행성을 탐사하고 2020년에 지구로 귀환할 예정이다.

을 때 하야부사가 채취해 온 걸 봤어요. 그런데 그게 너무너무 작아서 현미경으로 봐야 하는, 0.1mm도 안 되는 아주 작은 입자더라고요.

최 ─ 하야부사에 묻어 왔나 보네요.

원 ─ 와서 터니까 나온 거죠.

최 ─ 그런데 보이저가 30년 동안 거기까지 갔는데, 만약에 지금 보이저 같은 걸 쏘면 같은 기간 내에 훨씬 더 많이 갈 수 있어요?

K2 ─ 제 생각에는 충분히 가능하다고 봐요. 엔진도 30년 동안 계속 개발됐고, 절대 추력 자체도 커졌고, 같은 연료를 태웠을 때 얻는 비추력도 좋아졌을 테니까요.

K ─ 빠르게 보내는 게 목적이면 더 빠르게 할 수 있을 거예요. 보이저는 속도를 연료로 내지 않고 스윙바이로 속도를 내거든요. 일단 밖으로 빨리 보내는 게 목적이면 추력을 높이면 돼요. 오르트 구름을 조사하려면 태양돛Solar Sail 같은 걸 아주 작게 만들어서 빨리 보내는 방식을 택해야겠죠.

최 ─ 그런데 스윙바이는 속도를 더 높이려는 목적으로 하는 거죠?

K ─ 궤도를 바꾸기도 해요.

원 ─ 스윙바이 원리에 대해서 K2박사님이 간단하게 설명 좀 해주세요.

K2 – 스윙바이는 인계되어 있는 행성의 중력을 활용해서 탄력을 받는 원리예요.

K – 행성 궤도를 돌 때 쌍곡선 궤도로 행성의 궤도로 들어가면 주위를 돌지 않고 돌아서 튕겨 나오거든요. 큰 물체가 튕겨 나오면서 에너지를 얻는 거죠. 행성의 에너지를 빼앗아오는 거예요. 이때 행성은 에너지를 뺏겨서 자전 속도와 공전 속도가 늦어지고요.

원 – 오, 정말요?

K – 네. 우주선이 행성 주위를 한 바퀴 돌면 행성의 속도가 느려져요. 너무 작아서 표가 안 나겠지만.

원 – 돌팔매 할 때 휭휭 돌리는 것과 비슷한데 한 번만 휙 돌리는 건가요?

K – 네, 참고로 보이저는 태양권계에서 오르트 구름 초입까지 가는 데만 300년이 걸린대요.

최 – 그런데 보이저가 300년 후에 오르트 구름에 들어갔을 때도 우리랑 통신을 할 수 있어요?

K – 아니요. 그때까지 못 해요. 몇 년 안 남았어요.

원 – 보이저 1호를 다시 잠깐 말씀드리면 1977년 9월 5일 발사했어요. 보이저 2호는 1977년 8월 20일에 발사했고요. 보이저 1호가 더 늦게 발사됐어요. 1호가 고장이 나서 그랬대요. 보이저 1호와 2호는 항로가 달라요. 보이저 1호는 채 2년이 안 된

• 뉴 호라이즌스 호는 보이저 호보다 훨씬 빠르다 •

1979년 3월 5일 목성을 지나고, 1980년 11월 12일에 토성을 지나 행성계 밖으로 빠져나갑니다. 보이저 2호는 천왕성, 해왕성 주변까지 가서 밖으로 빠져나가요. 보이저 1호의 속도가 좀 더 빠르고요. 천왕성, 해왕성 사진은 보이저 2호가 찍은 겁니다. 그런데 보이저 1호보다 명왕성 탐사선 뉴 호라이즌스 호가 더 빠르대요.

K— 네, 그럴 거예요.

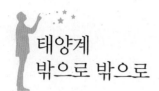

태양계
밖으로 밖으로

원― 뉴 호라이즌스 호는 오르트 구름 끝나는 데까지 가는데 1만 년이면 족하지 않을까 기대를 해볼 수 있습니다. 아무튼 많이 나가긴 했지만 아직 태양계 끝까지 가기엔 한참 남았습니다. 스윙바이 같은 기술은 사실 빨리 가기 위한 기술이 아니잖아요.

K2― 네.

원― 탐사하려는 지역에 좀 더 안전하고 원활하게 가기 위한 기술일 테지요. 예전에 K2박사님께서 로켓 기술도 이야기해준 적 있습니다. 다시 들어보세요. 어릴 때 들었던 <u>광자로켓</u> 같은 게 발명되지 않으면 태양계 끝에 가는 건 좀 어려울 것 같아요.

> **광자로켓** 광자로켓은 방출되는 빛(광자)을 추진력으로 이용하는 가상의 로켓이다.

K2 — 저도 물리적으로 저 먼 우주까지 도달한다는 것은 정말 꿈 같은 이야기 같아요. 오히려 집중해야 될 게 진짜 우리 이웃인 달, 3일이면 갈 수 있는 달에 주거지를 짓는 현실성 있는 이야기에 집중해야 할 것 같아요. 우리 동네 옆집 달.

원 — 우리 동네도 제대로 못 가는데 멀리 나갈 생각만 하는 건 좀 언어도단일 수도 있지요.

K — 네, 나가는 건 영화에 맡기면 돼요.

원 — 어쨌든 웬만한 곳은 다 가봤습니다. 소행성도 갔었고 목성, 토성, 행성의 위성들에도 갔어요. 착륙을 한 경우도 있었고요. 요즘 많이 하는 것 중 하나가 왜소행성 탐사더라고요. 대표적으로 2개가 있는데 하나는 <u>돈 탐사선</u>이에요. Dawn은 여명黎明이라는 뜻이지요. 나머지 하나가 아까 이야기한 뉴 호라이즌스 호. 돈 탐사선은 아까 이야기한 소행성대에 있는 세레스Ceres에 2016년 2월에 도착했습니다. 2007년 9월 27일에 발사했으니 8년 걸렸네요.

K — 그 전에 한 군데 들렀어요. 베스타에 들렀다가 세레스에 갔어요.

돈 탐사선 돈Dawn 탐사선은 나사의 소행성 탐사선으로 2007년 9월 27일 발사되었다. 돈 계획의 목표는 소행성대에서 가장 질량이 큰 두 물체인 원시행성 베스타와 왜소행성 세레스를 탐사하는 것이다.

원─ 세레스는 아까도 이야기했지만, 제일 먼저 발견된 큰 소행성으로 지금은 왜소행성이라고 불려요. 그런데 세레스를 무시할 순 없는 것이 세레스가 소행성대 전체 질량의 32%를 차지한대요.

K─ 소행성대라고 해봤자 뭐 얼마 안 돼요.

원─ 세레스와 부스러기들이군요? 우리의 생각과는 많이 다른 것 같습니다.

　뉴 호라이즌스 호는 2006년 1월 19일에 발사되어 지구 밖으로 나간 지 11년 됐습니다. 굉장히 멀리 갔어요. 그런데 뉴 호라이즌스 호가 명왕성 탐사를 하러 발사됐을 때는 명왕성이 행성이었어요. 가는 중에 명왕성이 행성의 지위를 잃었죠?

K─ 네, 맞아요. 출발하자마자 행성이 아니더라.

원─ 완전 먹튀네요?

K2─ 일부러 빨리 발사한 건 아닐까요?

원─ 그럴지도 몰라요. 그러고는 한동안 겨울잠을 잤대요. 하이버네이션Hibernation이라고 그러잖아요. 꺼진 채로 가다가 얼마 전에 깨어났대요. 뉴 호라이즌 호는 2015년 7월 15일 명왕성에 1만 km까지 접근했습니다. 그리고 아주 선명한 사진들을 보내왔어요. 마치 표면에 하트 같은 지형이 있어서 명왕성이 행성 지위를 잃었어도 아직 지구인들을 그리워한다는 말까지 돌았죠, 그런데 명왕성에 카론Charon이라는 되게 큰 위성이 있는데,

• 행성의 지위를 잃은 명왕성(오른쪽)과 명왕성의 위성 카론(왼쪽) •

카론의 크기 때문에 명왕성과 카론이 서로 중력 영향도 많이 주면서 회전하고 있답니다.

K— 뉴 호라이즌스 호 덕분에 선명한 명왕성 사진을 얻었어요. 1만 km면 꽤 먼 것 같은데, 지구의 정지 위성이 3만 6,000km 위에 있대요.

최— 정말 가까운 거네요?

원— GPS 위성들이 2만 2,000km 상공에 있고요.

K— 굉장히 가까운 거리예요. 표면을 정밀하게 찍을 수 있을 정도로 가깝죠.

원— 그럼 돈 탐사선이 세레스에 700km로 근접했으니 코앞까지 간 거네요.

K— 착륙이나 다름없는 수준이죠. 700km면 운전해서 갈 수도 있어요.

원— 그런데 뉴 호라이즌스 호의 탐사 계획은 명왕성이 행성 지위를 잃은 것에 지장을 받진 않았나요?

K— 예산은 이미 다 집행되었기 때문에 전혀 없었죠.

최— 오히려 관심이 더 많아졌대요. 티셔츠도 만들고, 사람들이 후원도 하고.

K— 행성이었을 때 막내였잖아요. 명왕성에게 크게 밑지는 일은 아닌 거 같아요.

최— 가끔 생각해보면 사람들이 너무했어요. 평소에 관심도 없다가 갑자기 명왕성에게 그럴 줄이야. 나의 명왕성이야!

원 — 혹시 새로 준비되고 있는 프로젝트도 있을까요?

K — 엄청 많아요.

최 — 가끔 뉴스 찾으러 나사 홈페이지 들어가면 하고 있는 게 엄청 많더라고요.

K — 네, 미션 페이지에 가보면 생전 처음 들어보는 프로젝트들이 엄청 많아요. '어제 하나 더 발사했대, 그제도 하나 발사했대' 정도예요.

원 — 돈도 많고 기술도 좋고 관심도 많고. 우리나라는 우주에 하나 쏘면 단군 이래 첫 뉴스가 될 거잖아요.

K — 대단한 뉴스죠.

원 — 우리도 달에 가야 해요. 욕할 일이 아니에요. 다만 잘해서 제대로 했으면 좋겠어요.

　어쨌든 태양계를 떠나는 것에 대해서 비판적인 이야기를 했지만, 기술면에서 태양계를 떠나기 어려울 거예요. 하지만 일종의 동기랄까? 그런 게 하나 있는데, 태양계에서 가장 가까운 항성계가 센타우루스 자리의 알파성A, 알파성B와 프록시마라는 적색왜성 3개예요. 그중 제일 가까운 건 프록시마라는 적색왜성이에요. 이건 발견된 지 얼마 안 됐어요. 원래는 센타우루스의 알파성들이 4.37광년으로 가장 가깝다고 생각을 했는데, 프록시마가 4.22광년이래요. 조금 더 가깝죠. K박사님 센타우루스 자리는 일종의 쌍성계 아닌가요?

K— 쌍성계죠. 센타우루스 알파가 별 하나인 줄 알았는데, 보니까 2개였어요. 그래서 알파성A와 알파성B라고 붙였죠.

원— 센타우루스 자리 알파성B 주위를 도는 행성이 2012년에 발견됐다면서요? 여기는 알파성B뿐만 아니라 알파성A의 영향도 많이 받을 텐데 생명이 있을 수 있을까요?

K— 거기에는 생명이 있기 힘들겠지만, 그것만 있지 않을 수도 있겠죠. 하나를 발견했는데, 꼭 하나라는 보장은 없어요. 다른 행성이 얼마든지 있을 수 있어요. 그런데 2012년에 발표된 센타우루스 자리 알파성B 주위를 도는 행성은 이후 연구 결과 자료 분석과정에서의 오류였음이 밝혀졌어요. 대신 2016년 8월에 프록시마 주위를 도는 행성을 발견했지요. 이 행성은 지구형 행성이며 생명체가 거주 가능한 지역에 위치하고 있어요.

원— 아, 그 발표는 이제 폐기됐군요. 대신 다른 행성을 발견했고요. 어쨌든 행성은 여러 개 있는 게 더 자연스러운 것 같아요.

K— 어떤 천체는 알파성A, B 전체 쌍성을 중심으로 돌 수도 있어요.

적색왜성 적색왜성赤色矮星, red dwarf은 작고 상대적으로 차가우며 태양의 0.075~0.5배 정도의 질량을 지닌 주계열성을 부르는 말이다. 우주에 있는 별들의 약 90% 정도가 적색왜성인 것으로 알려져 있다.

• 쌍성계를 도는 행성은 태양이 2개이다 •

최 ― 〈스타워즈〉의 타투인Tatooine이었나요?

K ― 실제로 쌍성계에서 행성이 발견된 적이 있어요. 우리나라 소백산 천문대에서 2009년에 발견했습니다.

원 ― 우주는 엄청나게 넓지만 우리가 만약에 태양계 밖으로 뭐든 보내려 한다면 첫 번째 타깃은 여기겠죠?

K ― 그렇죠. 달이 가장 가까우니까 첫 번째 타깃이었던 것처럼요. 이제 다음 인터스텔라 여행을 한다면 여기가 첫 번째 목적지겠죠. 〈아바타〉가 여기로 갔을걸요?

최 ― 맞아요. 냉동돼서 6년쯤 갔어요.

원 ― 미국 천문대 데브라 피셔Debra Fisher 박사는 태양계 밖 첫 목적지가 당연히 여기일 것이고, 태양돛이나 핵 로켓 기술, 반물질 로켓 같은 기술을 쓴다면 수백 년 아니 수십 년 내에 갈 수 있을 거라고 이야기해요. 이 분야 과학자들은 훨씬 먼 곳에서도 생명체가 존재할 수 있는 행성을 찾으니까 여기서도 생명체가 살 수 있는 행성을 찾을 수 있을 거라고 봐요. 그러면 저쪽으로 가려는 동기가 훨씬 커질 것이고 기술개발에 박차가 가해질 것이라고 이야기 하더라고요.

K ― 지원금을 받기 쉬워지겠죠.

원 ― 몇십 년이면 갈 수 있다고 하면 해볼 법하잖아요.

K ― 2016년 4월 러시아 출신의 벤처 투자자 유리 밀너Yuri Milner는 알파센타우리를 향해 우주선을 발사하는 브레이크스루 스타샷Breakthrough Starshot이라는 계획을 발표했어요. 이 계획은 스마트폰만 한 우주선에 태양돛을 달아 광속의 20%까지 가속시켜 알파센타우리까지 20년 만에 도착하겠다는 계획이에요. 2036년 발사를 목표로 열심히 연구 중이죠. 이 계획에 스티븐 호킹Stephen Hawking, 페이스북 창업자 마크 저커버그Mark Zuckerberg도 참여했어요. 이대로 진행된다면 2056년에는 알파센타우리에서 보낸 정보를 받을 수 있을 거예요.

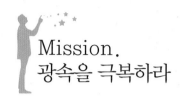

Mission.
광속을 극복하라

원— 아서 클라크의 소설 중에 『라마Rama』라고 있어요. 어디선가 날아온 거대한 무인 우주선 이야기인데 정말 재미있습니다. 아서 클라크의 소설은 하드 SFhard SF라 초광속 우주선 같은 게 거의 안 나와요. 소설 속 로켓은 긴 세월 동안 계속 가속해요. 가속을 하면 관성이 계속 작용을 하니까 계속 빨라져요. 그렇게 해서 70년인가 걸려서 지구로 왔다고 하더라고요. 우리가 갈 때는 반대로 하면 되겠죠. 만약에 진짜 몇십 년 내에 갈 수 있다면 쏴볼 만해요. 우리 다음다음 세대들은 결실을 맺을 수도 있고요. 어쨌든 전파신호 보내면 한 4~5년이면 받을 수 있는 거 아니에요?

K— 그렇죠. 큰 거 1대 보내는 것보다는 작은 걸 여러 개 만들어서 파리 떼처럼 보낼 수도 있어요.

최 — 조그맣게 만드니까 그게 싸게 먹힐 수도 있어요.

원 — 맞아요. 사람 타는 것도 아니고. 추진력을 계속해서 가속해야 하는데, K2박사님 4광년이 넘는 거리를 가속해서 가려면 로켓이 엄청나게 힘도 세야 하고 연료도 많이 들고 그러겠죠?

K2 — 네. 그래서 우주에서 연료를 얻어야 해요. 지구에서 연료 충전 없이 가속에 쓸 에너지 소스를 얻는 아이디어 중 하나가 태양돛이에요.

원 — 그런데 오르트 구름에 들어가면 태양풍도 안 날아오니까 태양돛으로 가속하기 힘들지 않을까요?

K2 — 그래서 또 다른 아이디어로 우주 공간에 있는 수소 분자들을 깔때기 모양의 입구로 빨아들여서 추진력을 얻겠다는 것도 있어요.

원 — $1m^2$에 한두 개 있는 수소 분자로 에너지를 얼마나 얻을 수 있을까요?

K2 — 엄청나게 크면 돼요.

원 — 지름이 막 1광년.

K — 그 정도까지는 아니고, 그거보단 조금 작아요.

K2 — 램제트Ramjet 추진이라고 하더라고요. 그런데 제가 아는 램제트 추진은 지구 대기상에서 초고속으로 움직일 때 압축기 없이 추력을 얻을 때 쓰는 방법이거든. 'Ram'이 억지로 쑤셔 넣다 이런 뜻이더라고요. 그래서 우주에서의 램제트 추진은 우

주에 있는 수소 분자들을 거대한 깔때기 속으로 억지로 쑤셔 넣어서 연소시켜 추력을 얻겠다는 의미인거 같아요.

K— 어딘가에서 계산한 것을 봤는데 그렇게 크지 않았어요.

최— 축구장 한 10개 정도?

원— 1광년과 축구장 10개는 정말 큰 차이죠. 어쨌든 그런 로켓을 만들 수 있을지 없을지는 모르겠지만, 필요는 발명의 어머니이라는 말이 있잖아요. 망원경으로 대기조성을 확인해서 가까운 곳에 생명체가 있을 법하면 개발 욕구가 커질 거예요.

K— 100년 정도 단위로 탐사계획을 세우면 실현될 것 같아요.

최— 조금만 더 살면 좋겠다.

K2— 아까 말씀드렸던 지구의 중력을 이기고, 대기를 뚫고 밖으로 나가는 데 필요한 보조 추진 로켓의 에너지 소비가 워낙 많다 보니 달에 기지를 만들겠다는 이야기가 나오는 거 같아요. 중력이 적은 곳에서 발사를 하면 에너지가 훨씬 덜 드니까요.

최— 그럼 추진 로켓에 연료가 덜 들어가면, 본체가 연료를 가지고 가면서 가속을 할 수도 있겠네요. 빈 공간에서 많이 유리하겠는걸요? 달에 진짜 가야겠다.

K2— 갑자기 떠오른 생각인데, 가다가 태양권 내에 있는 물질이나 에어 브레이크처럼 행성의 대기에 들어가서 에너지 소스를 받아서 다시 나갈 수도 있지 않을까요? 잠깐 정류장 거치듯 거기 착륙하지는 않고 스쳐 지나가면서요.

K — 그거보다는 스윙바이가 효율적일 거예요.

원 — 스윙바이를 하면 에너지도 얻잖아요. 과학자, 공학자분들은 아주 똑똑하시니까 한 세기 정도면 광속으로 가진 못하더라도 가는 방법을 찾을 것 같아요.

K — 획기적인 기술이 필요한 게 아니에요. 과학적인 발견보다는 공학적인 계획에 달린 문제이기 때문에 가능할 거 같아요.

원 — 그런데 사람이 타면 가속하는 데 문제가 많다더라고요.

K — 계산해보면 10G로 35일 동안 가속하면 빛속도가 돼요.

원 — 인간이 견디는 것은 거의 불가능겠군요.

K — 10G를 한 달 동안 어떻게 견뎌요. 게다가 도착하면 세워야 하잖아요? 앞으로 쏠린, 반대의 상태를 다시 견뎌야 해요.

원 — 다 죽는다고 봐야죠.

최 — 인간이 몇 G까지 버틸 수 있어요?

K — 우주 비행사 교육이 6G예요.

원 — 순간 정도야 버틸 수 있는데, 오래 견딜 순 없죠.

K — 6G로 한 1분 정도 있으면 기절을 하거나 생명을 위협받을 정도. 7G까지도 못 갈 거예요. 10G면 죽는다고 봐야죠.

원 — 워프 같은 획기적인 기술이 나오지 않고는 우리 같은 생물이 직접 가기는 힘들 것 같고, 기계를 보내야겠네요. 정리하자면 태양계는 우리 관측 기술과 탐사 기술이 발전하면서 점점 커졌습니다. 비록 행성은 하나 없어졌지만요. 오르트 구름 뒤에

언젠가 우리 옆 동네 알파센타우리에도 갈 수 있지않을까

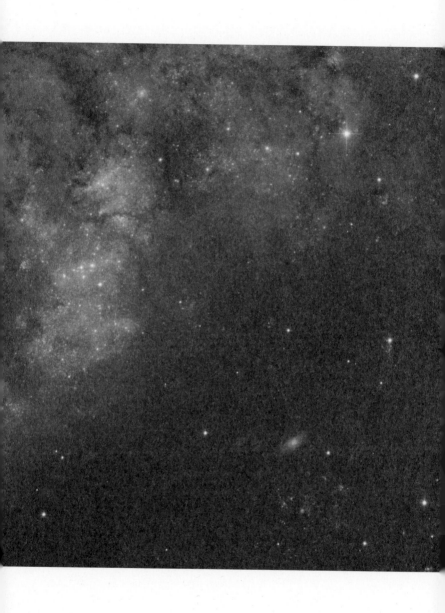

또 뭐 이상한 구름이 있진 않을 거예요. 어쨌든 보이저 호는 30년 동안 우리가 가상으로 만들어낸 태양권계면까지로 가면서 태양계의 정보들을 많이 보냈고, 보내고 있습니다. 이런 생각도 해볼 수 있어요. 지금 농담처럼 이야기하지만 언젠가, 100년 정도 지나면 태양계를 떠나 달 가듯이 저기도 한번 갈 수 있는 그런 날이 오지 않을까요? 이 방송을 듣고 있는 어린이들이 오래 살면 직접 경험할 수도 있죠. 우리는 아마 힘들 거예요. "그 아저씨들 이거 봤으면 좋아했을 텐데"라고 말하겠죠. 그때 하늘을 쳐다보세요. 하늘에서 별이 되어 여러분들을 지켜줄게요.(웃음)

K2— 이때 하늘은 우리가 여태 이야기한 우주랑 다른 하늘이죠?

원— 네, 다른 하늘이죠. 옛날 갈릴레오 시대 사람들은 인류가 여기까지 볼 거라고 상상이나 했겠습니까? 문명은 이런 식으로 발전하는 겁니다.

K— 큰일을 하고 있네요?

원— 그렇죠. 중요한 일을 하는 중이에요. 나중에 이런 노력들이 더해져서 우리가 상상한 그런 날이 오고, 더 멀리 알파센타우리까지 우리 동네라고 이야기하는 날도 올 거예요.

K— 4광년 정도는 아무것도 아니죠.

최— 가깝게 느껴진다니까요.

원─ 알파센타우리까지 가는 데 5년, 그런 날이 오지 않을까요? 기술이 발전할수록 우리 동네도 점점 커지고 은하계까지 우리 동네가 되는 이상적인 과학 기술의 발전, 세상의 확장. 우리는 그 꿈을 향해서 미약하지만 한 걸음씩 가는 거죠.

어릴 때부터 태양계를 배워서 잘 아는 거 같지만 그렇지 않습니다. 모르는 것도 많고 새로운 발견되는 것도 많아요. 앞으로도 새로운 게 계속 나오겠죠. 어렸을 때 교과서에서 배웠다고 자만하지 말고, 계속 관심을 가져서 우리 동네 태양계에 대해 알아가면 좋겠습니다. 이렇게 태양계 특집을 마무리하겠습니다.